果蔬保鲜剂
配方与制备技术

GUOSHU BAOXIANJI
PEIFANG YU ZHIBEI JISHU

李东光　主编

U0388109

化学工业出版社
·北京·

内容简介

本书精选了 200 余种果蔬保鲜剂制备实例，包括通用果蔬保鲜剂、通用水果保鲜剂、专用水果保鲜剂（橘橙类保鲜剂、荔枝保鲜剂、葡萄保鲜剂等）、专用蔬菜保鲜剂。详细介绍了产品的原料配比、制备方法、产品应用、产品特性等，旨在为果蔬防腐保鲜技术的发展做出贡献。

本书可供果蔬保鲜剂研发、生产的人员学习，同时可作为精细化工等专业师生的参考书。

图书在版编目（CIP）数据

果蔬保鲜剂配方与制备技术/李东光主编. —北京：
化学工业出版社，2023.11
　ISBN 978-7-122-44145-4

　Ⅰ.①果… Ⅱ.①李… Ⅲ.①果蔬保藏-食品保鲜剂-
配方②果蔬保藏-食品保鲜剂-制备 Ⅳ.①TS202.3

中国国家版本馆 CIP 数据核字（2023）第 169665 号

责任编辑：张　艳　　　　　　　　　　　文字编辑：毕梅芳　师明远
责任校对：王鹏飞　　　　　　　　　　　装帧设计：王晓宇

出版发行：化学工业出版社（北京市东城区青年湖南街 13 号　邮政编码 100011）
印　　装：大厂聚鑫印刷有限责任公司
710mm×1000mm　1/16　印张 13¼　字数 245 千字　2024 年 1 月北京第 1 版第 1 次印刷

购书咨询：010-64518888　　　　　　　　售后服务：010-64518899
网　　址：http://www.cip.com.cn
凡购买本书，如有缺损质量问题，本社销售中心负责调换。

定　　价：98.00 元

前 言 PREFACE

目前，世界范围内广泛采用和正在研究的贮藏保鲜技术有：简易贮藏保鲜法、温度调节保鲜法、电磁辐射贮藏保鲜法、气调贮藏保鲜法、减压贮藏保鲜法、高压放电贮藏保鲜法、臭氧离子贮藏保鲜法等。在这些贮藏保鲜方法中，果蔬保鲜剂的使用都作为一种必不可少的辅助手段得到广泛的应用，它还可以作为一项独立的技术处理果蔬，对果蔬进行短期保鲜，以获得良好的经济效益。

保鲜剂在果蔬贮藏保鲜上的应用只能是一种辅助手段，随着科技的发展，利用设施设备等创造、控制外部条件，如气调贮藏保鲜、减压贮藏保鲜、电磁辐射贮藏保鲜等新技术将成为果蔬贮藏保鲜的主流。在果蔬的贮藏保鲜中，天然保鲜剂的开发以及将生物技术、基因工程技术应用于果蔬保鲜将是今后的又一发展方向。

为了满足市场的需求，我们在化学工业出版社的组织下编写了这本《果蔬保鲜剂配方与制备技术》，书中收集了200余种果蔬保鲜剂制备实例，详细介绍了产品的原料配比、制备方法、产品应用、产品特性等，旨在为果蔬防腐保鲜技术的发展做点贡献。

本书的配方以质量份数表示，在配方中以体积份数表示的情况下，需注意质量份数与体积份数的对应关系，例如质量份数以 g 为单位时，对应的体积份数是 mL；质量份数以 kg 为单位时，对应的体积份数是 L，以此类推。

需要请读者们注意的是，本书编者没有也不可能对每个配方进行逐一验证，本书所列配方仅供参考。读者在参考本书进行试验时，应根据自己的实际情况本着"先小试后中试再放大"的原则，小试产品合格后再进行下一步，以免造成不必要的损失。

本书由李东光主编，参加编写的还有翟怀凤、李桂芝、吴宪民、吴慧芳、蒋永波、邢胜利、李嘉等。由于编者水平有限，难免有疏漏之处，欢迎读者提出宝贵意见。

主编
2023 年 5 月

目 录 CONTENTS

02 | 2 通用水果保鲜剂　　/ 031

03 | 3 专用水果保鲜剂　　/ 043

04 | **4**
专用蔬菜保鲜剂　　/ 174

1 通用果蔬保鲜剂

配方 1 环丙烯复合保鲜剂

原料配比

原料		配比(质量份)		
		1#	2#	3#
稳定剂	环糊精	350	—	—
	糊精	—	100	—
	硅胶	100	—	150
	活性多糖	—	200	—
防腐剂	焦亚硫酸钠	30	—	20
	亚氯酸钠	—	40	20
	0.3mol/L 的亚硫酸钠	—	—	50
	仲丁胺亚硫酸氢盐	20	—	—
	仲丁胺乳酸盐	—	15	15
环丙烯	1-甲基环丙烯	0.2~3	0.2~3	0.2~3
缓释剂	季铵盐	25	55	25
	氯化锌	—	—	50
	硬脂酸	3	—	—
	生石灰	—	10	—
赋形剂	硬脂酸锌	—	2	1

制备方法 在混合釜中加入稳定剂、防腐剂，用 N_2 驱除空气，盖紧釜盖，通入环丙烯，使釜内压力为 0.25MPa，温度不高于 8℃，搅拌 30h，在混合 10h 时，釜内压力降至 0.03MPa，通入环丙烯，使釜内压力为 0.2MPa，混合后放出

物料，加入缓释剂、赋形剂，倒入造粒机中造粒，压片，形成环丙烯复合保鲜剂。

产品应用

使用方法：将环丙烯复合保鲜剂包装于不透气包装袋中，存放于干燥环境中，使用时可扎孔或放入器皿中。

产品特性 本产品具有抑制乙烯对果蔬的衰老作用，能有效地保持植物的抗病性，减轻微生物引起的腐烂和减轻生理病害，并可减少水分蒸发、防止萎蔫。本品贮存、运输、使用方便，保鲜、防腐作用持久，且效果明显。

配方2 亚硫酸氢钙果蔬保鲜剂

原料配比

原料	配比（质量份）			
	1#	2#	3#	4#
柠檬酸	0.05	0.1	0.08	0.1
亚硫酸氢钙	0.5	1	0.8	0.5
水	100	100	100	100

制备方法 将上述柠檬酸、亚硫酸氢钙和水称量后，进行直接物理混合形成溶液即可使用。

产品应用

使用方法：将蔬菜或水果洗净并去除表面水分后，浸泡于上述溶液中，也可以采用喷雾的方式喷洒于蔬菜或水果表面，放置在通风阴凉处。

产品特性 本品制作简单，制备原材料容易获得，价格低廉，在常温下可保鲜10～20天，保鲜效果好。

配方3 多元液体生物保鲜剂

原料配比

原料	配比（质量份）		
	1#	2#	3#
拮抗酵母菌	15	5	10
杀菌剂	1	0.2	0.8
成膜物质	10	3	15
乳化剂	0.5	0.1	0.3
稳定剂	15	10	12
水	58.5	81.7	61.9

制备方法　将各组分溶于水混合均匀即可。

原料介绍

所述的拮抗酵母菌，属于假丝酵母属（Candida），分离自健康的果实表面，并通过摇瓶发酵或者发酵罐工业化发酵生产而来。

所述的杀菌剂选用抑霉唑或特克多，为内吸性广谱杀菌剂。

所述的成膜物质为壳聚糖、羧甲基纤维素、甲基纤维素、羧乙基纤维素、乙基纤维素、苄基纤维素、羟乙基纤维素、羟丙基甲基纤维素、苄基氰乙基纤维素、羧甲基羟乙基纤维素等中的一种或几种。

所述的乳化剂为山梨糖醇酐脂肪酸酯、烷基磺酸钠、卵磷脂、吐温系列等中的一种或几种。

所述的稳定剂为淀粉、糊精、明胶等中的一种或几种。

产品应用　本品主要用作多元液体生物保鲜剂。

使用方法：采收前喷雾或者采收后喷雾、浸蘸处理，应用于果蔬贮藏保鲜，提高果蔬对采后主要病原菌的抗病性，减少贮藏过程中的常见病原菌引起的腐烂，延长果蔬贮藏保鲜时间。

产品特性

（1）施用方法简单，受外界环境影响较小。

（2）采收前或采收后应用都能起到防治作用。

（3）无污染，无公害，无毒副作用。

（4）采用浸蘸或喷雾方式处理均可。

（5）此保鲜剂对于多种果蔬具有防腐保鲜效果，可在果蔬表面形成一层保护膜，拮抗酵母菌和杀菌剂的存在能够有效抵御病原真菌的侵染以及杀死新生菌丝体。

配方 4　非接触型炭基果蔬保鲜剂

原料配比

原料	配比（质量份）		原料	配比（质量份）	
	1#	2#		1#	2#
高锰酸钾	15	1	硫酸铵	5	0.5
多孔活性炭	40	3	山梨酸钾	5	1
氧化铝	5	0.5	色谱硅胶	10	1.5
无水亚硫酸钠	10	2	碱性硅藻土	10	1.5

制备方法　以生物友好的多孔活性炭为载体，将防腐剂高锰酸钾以最优质量配比负载于多孔活性炭载体上，然后以一定比例与保鲜剂氧化铝和无水亚硫酸钠混合，再以一定比例与杀菌剂硫酸铵、色谱硅胶、碱性硅藻土和山梨酸钾（主要

抑菌组分）混合，研磨制备果蔬保鲜剂。

产品特性

（1）保鲜剂不与果蔬直接接触，能有效控制贮藏空间内乙烯、氧气、CO_2 和水蒸气的浓度，同时可以防止霉菌的滋生。

（2）操作过程简单、快速、无污染。

（3）保鲜剂无味，使用后，果蔬色泽正常、无异味，各项食品卫生指标检验合格，食用安全。

配方5 分子膜果蔬保鲜剂

原料配比

原料	配比（质量份）		
	1#	2#	3#
聚氧化乙烯	5	—	—
淀粉	—	10	—
胶姆糖基础剂材料	—	—	13
巴西棕榈蜡	10	—	—
琼脂	—	5	—
果蜡	—	—	1
果胶	—	—	4
油酸铵	5	—	—
油酸	—	—	1
聚乙烯醇	—	1	—
糊精	—	5	—
甘油	—	2	—
食盐	—	1	—
水	—	76	—
95～98℃热水	80	—	—
乙二醇	—	—	1
食用乙醇	—	—	80

制备方法 将可食性材料在55～160℃温度下加热，如果原料不溶解或不熔融，则加压搅拌，待原料溶解或熔融后，加入约2～6倍的热水，或将熔融的原料加入热水中制成乳浊液，或加入有机溶剂制成有机溶液。

原料介绍

所述可食性材料包括：糖类为淀粉、琼脂、糊精、单糖或寡糖；脂肪类为脂肪酸、脂肪盐或脂肪酸酯；天然高分子；合成高分子；小分子物质等。

所述合成高分子为聚乙烯、聚氧化乙烯、聚醋酸乙烯、聚乙烯醇、固体或液体石蜡等。

所述天然高分子为虫胶（漆）、蜂蜡、巴西棕榈蜡、松香或其酯化产物等。

所述小分子物质为氨（铵）类、酯类、乙醇或其他醇类物质。

产品应用　本品主要应用于柑橘、苹果、香蕉、梨、枣等多种水果的保鲜。

产品特性

（1）与化学保鲜剂相比，高分子保鲜剂具有更高的安全性，它对人体无危害，对环境无污染，是一种绿色环保产品；

（2）与水果保鲜蜡相比，本产品的保鲜作用更为理想，不仅能大大改观果面的光泽和美感，更有很强的防腐、防霉、防失水、防干枯的作用，大大延长了果品的贮存期；

（3）与其他天然保鲜剂相比，生产设备更为简单、原料更易购得，生产成本大大降低；

（4）可因地制宜，利用机械或人工对果品进行喷雾、涂刷或浸泡等方式处理，施用方法灵活易行，且不受地域限制；

（5）可根据不同果品的特点及在改进外观、保持品质上的不同要求生产不同剂型，使产品有极强的针对性；

（6）分子膜果蔬保鲜剂旨在从根本上解决贮藏期内外部环境对果品品质和果品外观的影响，防止不良的温度及湿度条件对果品的危害；

（7）本产品属天然保鲜剂，是低成本、高效能、无污染的防腐保鲜制剂，同时具有减少果品失重、避免低温损害和保持水果表面光洁、美观的作用。

配方6　复合生物涂膜保鲜剂

原料配比

原料	配比/(g/L)				
	1#	2#	3#	4#	5#
普鲁兰多糖	50	100	150	150	200
纳他霉素	0.15	0.1	0.15	0.15	0.2
乳酸链球菌素	0.05	0.02	0.02	0.05	0.1
ε-聚赖氨酸	0.2	0.4	0.6	0.4	0.1
甘油	0.05mL	0.1mL	0.01mL	0.01mL	0.01mL
氯化钙	5	10	20	20	20
水	加至1L	加至1L	加至1L	加至1L	加至1L

制备方法　按配方比例，将各组分溶于水，配成生物涂膜溶液。

原料介绍

所述的 ε-聚赖氨酸（ε-polylysine）是一种天然的微生物代谢产物，被广泛用作食品保鲜剂，对革兰氏阳性和阴性菌如大肠杆菌、枯草杆菌、酵母菌、乳酸菌和金黄色葡萄球菌的繁殖有抑制作用。ε-聚赖氨酸是经白色链霉菌发酵产生的赖氨酸同型聚合体，并且食用安全，对动物使用高剂量聚赖氨酸的慢性和急性实验结果表明 ε-聚赖氨酸是无毒的，而且同乳酸链球菌素一样在某些食品应用中有 GRAS 认证。同时 ε-聚赖氨酸经吸收后可转化为人体必需的赖氨酸。

所述的乳酸链球菌素（Nisin）是一种天然、高效、无毒的防腐剂，属多肽，在人体内可降解为各种氨基酸。Nisin 能有效地抑制引起食品腐败的革兰氏阳性细菌，特别对产芽孢的细菌有很强的抑制作用，但对真菌如酵母菌和霉菌没有作用。它作为食品防腐剂已经应用几十年，而且在某些食品中作为防腐剂的应用已经由 FDA 认证为安全产品。

所述的纳他霉素（也称游霉素）是一种高效的霉菌、酵母菌及真菌的抑制剂。产品对人体十分安全、可靠，又不影响产品风味。纳他霉素是我国批准的食品添加剂。

所述的普鲁兰多糖是由出芽短梗霉（Aureobacidium pullulans）发酵产生的胞外多糖，以 α-1,6-糖苷键结合麦芽糖构成同型多糖为主，即葡萄糖按 α-1,4-糖苷键结合成麦芽三糖，两端再以 α-1,6-糖苷键同另外的麦芽三糖结合，如此反复连接而成高分子多糖。普鲁兰多糖具有无毒害、黏结性强和成膜性好等优良特性，可作为食品、医药方面的黏合剂和包装材料。普鲁兰多糖可以阻隔氧气的进入，从而降低水果、蔬菜、食用菌的呼吸作用，同时也降低维生素 C 的氧化；普鲁兰多糖也可以阻止一些气体的排出，有效地延缓果蔬的过度成熟。

产品应用　本品主要用作水果、蔬菜、食用菌的保鲜剂。

使用方法：将水果、蔬菜、食用菌在涂膜溶液中浸泡约 10s，以保证涂膜均匀，涂膜后在自然气流中晾干。也可将涂膜溶液均匀喷洒于水果、蔬菜、食用菌表面，形成保鲜膜。

产品特性

（1）本品形成的膜透明性好，可增加水果、蔬菜、食用菌的光泽。

（2）本品形成的涂膜具有良好的水溶性，水洗即可除去。

（3）本品全部采用生物添加剂，既能达到对水果、蔬菜、食用菌的保鲜效果，食用后又不会对人体造成任何毒副作用。

配方 7　改进的果蔬杀菌保鲜剂

原料配比

原料	配比（质量份）		
	1#	2#	3#
壳聚糖	10	20	30
活性氧化铝	20	25	22
柠檬酸	5	6	7
丙烯酸钠	0.5	0.7	0.5
亚硫酸钠	5	15	7
水	59.5	33.3	33.5

制备方法

（1）将壳聚糖和活性氧化铝与水进行混合，然后在超声振荡器中混匀、离心取上清液；

（2）将柠檬酸、丙烯酸钠加入步骤（1）所述的上清液中，控制温度为60～80℃；

（3）冷却后，向步骤（2）混合溶液中加入亚硫酸钠，搅拌30～60min后，静置20～40min，即得所需保鲜剂。

产品特性　本产品是一种安全、无毒、无污染的杀菌保鲜剂，其制备方法简单，条件易于实现，操作方便。

配方 8　果蔬保鲜剂（一）

原料配比

原料		配比（质量份）			
		1#	2#	3#	4#
石榴皮提取液	干石榴皮粉末	10	10	10	10
	3%醋酸溶液	250(体积)	450(体积)	300(体积)	400(体积)
壳聚糖溶液	脱乙酰度70%的壳聚糖	5	—	—	—
	脱乙酰度90%的壳聚糖	—	3	—	—
	脱乙酰度80%的壳聚糖	—	—	4	—
	脱乙酰度85%的壳聚糖	—	—	—	2
	1%醋酸溶液	100(体积)	100(体积)	100(体积)	100(体积)
石榴皮提取液与壳聚糖溶液浓缩物		100(体积)	100(体积)	100(体积)	100(体积)
Nisin		0.3	1.0	0.1	0.8

续表

原料	配比(质量份)			
	1#	2#	3#	4#
生育酚	0.3	0.3	0.2	0.4
醋酸钙	5	3.0	0.5	3.5
吐温-80	0.2	1.0	0.8	0.6
戊二醛	0.5	0.5	0.1	0.3

制备方法

(1) 制备石榴皮提取液：将干石榴皮粉碎过 100 目筛，加入体积分数 3% 的醋酸中进行提取，醋酸溶液与石榴皮粉的体积质量比为 (5∶1)～(50∶1)；加热温度为 60～85℃；提取时间为 1～10h。

(2) 制备壳聚糖溶液：将壳聚糖溶入 1% 的醋酸中，得壳聚糖溶液。

(3) 均质混合：将石榴皮提取液和壳聚糖溶液混合，浓缩至 100 体积，混合液中加入 Nisin、生育酚、醋酸钙、吐温-80 和戊二醛，搅拌匀质，得所述果蔬保鲜剂。

原料介绍

所述的 Nisin 即乳酸链球菌素（亦称乳链菌肽），是一种天然生物活性抗菌肽。

产品应用

使用方法：将采摘后的果蔬浸泡在保鲜剂中 30s，浸泡后室温沥干，使其成膜。

产品特性 本产品可有效延缓果蔬氧化和酶促褐变，可抑制果蔬呼吸作用和水分蒸发，同时起到杀菌作用，能提高果蔬产品的储存期，降低成本，同时又是一种无毒、无污染的果蔬保鲜剂。

配方 9 稀土果蔬保鲜剂

原料配比

原料	配比(质量份)				
	1#	2#	3#	4#	5#
稀土	4	6	8	6	6.5
双乙酸钠	9	7	7	7	7.3
茶多酚	2	1	1.5	1.3	1.4
木犀草素	0.5	0.7	0.8	0.7	0.75
壳聚糖	12	11	8	10	11
乙酸	6	6	8	7	7.5
蒸馏水	40	45	43	42	44

制备方法　将稀土、双乙酸钠、蒸馏水加入反应皿中，然后加入壳聚糖，充分搅拌至壳聚糖完全溶解，然后再加入茶多酚、木犀草素、乙酸，充分混合均匀。

　　产品特性　本产品抑菌、杀菌效果显著，能够延缓果蔬老化，提高果蔬新鲜感和口感。

配方 10　中药果蔬保鲜剂

　　原料配比

原料		配比（质量份）		
		1#	2#	3#
食用树脂	精制松香	100	120	110
	马来酸酐	13	17	15
	聚乙二醇	0.25	0.35	0.29
	季戊四醇	10	12	11
比辛		0.02	0.05	0.03
丁香		2	4	3
甘草		1	3	2
橘皮		3	5	4
肉豆蔻		1	2	1.5
茴香精油		0.1	0.2	0.16
芸香苷		0.15	0.2	0.17
3,4-亚甲二氧基苯酚		0.5	1	0.8
水		20	30	25

　　制备方法

　　（1）反应釜升温至80℃时，从投料口投入松香，升温至200℃，待松香全部熔化后加入马来酸酐，搅拌3h，然后降温至170℃搅拌0.5～1h，之后继续升温至200℃，25～32min后加入聚乙二醇，接着升温至210℃继续搅拌5～10min后投入季戊四醇，再升温至260℃反应3h，用真空泵抽出空气和水，待压力表显示为0.8MPa时关真空泵，并通入氮气，待物料温度降至200℃以下，即可出料，得到食用树脂；

　　（2）将丁香、甘草、橘皮、比辛和肉豆蔻一并粉碎至150～200目，以水作为浸出溶媒进行渗漉法提取，将提取液离心，取上层清液，然后真空浓缩，浓缩温度为40～50℃，得到中药浓缩液；

　　（3）将步骤（1）得到的食用树脂、步骤（2）得到的中药浓缩液以及茴香精油、芸香苷和3,4-亚甲二氧基苯酚依次加入高速混合机中混合10~15min,采用双螺杆挤出机或密炼机进行熔融共混,然后通过螺杆或转子的剪切、混炼使其分散均匀,最后进行造粒、干燥制得本产品中药果蔬保鲜剂。

产品特性

(1)本产品采用食用树脂替代原有只能依靠精制漂白胶为原料生产果蔬保鲜剂,从而避免了之前精制漂白胶生产工艺的复杂性,生产过程中不再需要硫酸、次氯酸钠等化学物质进行反应,降低了生产成本,简化了生产流程,节约了能源,更加环保;

(2)本产品保鲜效果好、安全、对人体无害;

(3)本产品使用范围较广,可适用于各种需要保鲜剂的场合。

配方11 天然果蔬保鲜剂

原料配比

原料	配比(质量份)			
	1#	2#	3#	4#
植物源天然防腐剂	60	70	80	90
山梨酸钾	10	12	13	15
焦亚硫酸钠	15	18	20	25
明胶	5	8	9	10
纤维素	1	2	3	5
琼脂	0.05	0.06	0.08	1

制备方法 将全部原料混合均匀即得到成品。

原料介绍

所述植物源天然防腐剂为丁香油树脂、大蒜油、金银花提取物中的一种或三种的混合物;

所述混合物的质量比为丁香油树脂∶大蒜油∶金银花提取物=1∶(1~2)∶(2~3)。

产品应用

使用方法:配制成3%~5%的水溶液,将果蔬浸入5~10min后,沥干存放。

产品特性 本产品采用植物源天然防腐剂和化学防腐剂的复配,并添加天然乳化剂,既可以保鲜果蔬30~60天,也不会影响果蔬本身的安全和健康性。

配方 12　释放二氧化硫的果蔬保鲜剂

原料配比

原料	配比(质量份)		
	1#	2#	3#
活性炭	20	15	25
焦亚硫酸钠	75	60	80
无水硫酸钠	20	—	15
无水硫酸镁	—	18	—
硫酸铵	10	8	5

制备方法

(1) 按配比将活性炭与硫酸铵烘干,保证其水分含量低于 1.5% 后置入密闭容器内;

(2) 将无水硫酸钠或无水硫酸镁与焦亚硫酸钠混合均匀之后加入上述组合物中,混合均匀装袋即可。

原料介绍

所采用的二氧化硫释放剂主要是焦亚硫酸盐,主要采用其金属盐类物质,该类物质在酸性环境中可以发生反应,释放出二氧化硫气体,而 SO_2 气体作为一种有效的生物抑制剂,可以有效地抑制真菌等的生长并杀死孢子,从而根治由真菌感染而造成的果蔬腐烂等现象的发生。

产品特性　本产品由于二氧化硫释放剂可以缓慢地释放出二氧化硫气体,从而杀死了果蔬表面的孢子和造成果蔬腐烂的霉菌,而活性炭除了可以过滤空气中的有害物质外,还可以作为双向吸水剂使用,既保证了果蔬的水分又不会由于水分过大而造成腐烂,并为酸性媒介的水解提供必要的环境条件,从而实现了果蔬的保鲜贮藏,并且保证了在储存过程中果蔬的新鲜程度。

配方 13　漆蜡乳化液果蔬保鲜剂

原料配比

原料	配比(质量份)			
	1#	2#	3#	4#
漆蜡乳化液	20	25	30	25
漆树籽核仁油	2	1	0.5	2
水	57.44	62.28	48.505	55.69
乙醇	10	5	15	10

续表

原料		配比（质量份）			
		1#	2#	3#	4#
纳米二氧化钛		0.05	0.1	0.08	0.1
丙二醇		3	2	0.5	1
吐温		1	0.5	2	1.5
硅烷偶联剂	γ-氨丙基三乙氧基硅烷	0.01	—	—	—
	γ-甲基丙烯酰氧基丙基三甲氧基硅烷	—	0.02	—	—
	N-(β-氨乙基)-γ-氨丙基甲基-二甲氧基硅烷	—	—	0.015	—
	乙烯基三乙氧基硅烷	—	—	—	0.01
壳聚糖		1	2	1.5	1
乙酸		0.5	0.1	0.3	0.4
麦芽糊精		2	1	0.5	1.5
蔗糖脂肪酸酯		1	0.5	0.1	0.3
单硬脂酸甘油酯		2	0.5	1	1.5

制备方法

（1）将漆树籽粉碎后，按固液比1:（10~20）的比例将漆树籽粉末与水混合后，在65~90℃下提取2~3次后合并提取液，然后在提取液中添加提取液质量2~4倍的乙醇进行醇沉、絮凝，过滤，滤液挥发除去乙醇后再浓缩至原提取液体积的1/2~1/3，制得漆蜡乳化液，然后再加入乙醇（乙醇的添加量为上述配方中5%~15%的量）混匀后，得到果蜡基液。

（2）将纳米二氧化钛与水混合溶解后，将丙二醇或丙三醇、吐温、硅烷偶联剂加入纳米二氧化钛水溶液中搅拌混匀，然后再在40~50℃、搅拌速度1000~4000r/min下均质乳化10~20min，得到纳米二氧化钛分散液。

（3）将乙酸用水配制成质量分数为1%~5%的溶液后，使用乙酸水溶液溶解壳聚糖，再加入麦芽糊精和蔗糖脂肪酸酯搅拌溶解；然后在65~75℃下将单硬脂酸甘油酯溶于漆树籽核仁油中；最后在搅拌状态下，将单硬脂酸甘油酯和漆树籽核仁油的混合溶液滴加到壳聚糖、麦芽糊精和蔗糖脂肪酸酯的混合溶液中，混匀后放入匀浆机中乳化5~15min，制得漆树籽核仁油乳化分散液。

（4）将步骤（2）和步骤（3）制得溶液加入步骤（1）制得的果蜡基液中，搅拌均匀后用酸碱调节剂调节溶液pH值为7.0~9.5，再进行均质乳化，即得到果蔬保鲜剂。

原料介绍

所述纳米二氧化钛的粒径为5~50nm。

所述酸碱调节剂为三乙醇胺、氨水中的一种或二者任意比的混合物。

产品特性 本产品具有成膜性强、乳化性好、稳定性高、保鲜性好、涂膜后果蔬光泽性和商品性好、可延长果蔬的货架期等特点；本产品可增强果蜡的气调性，抑制水分散失，增强蜡膜持久性，抗菌成膜性好，喷涂和浸涂后易干，乳液稳定性强，符合食品安全标准和果蔬机械化打蜡要求。

配方 14　果蔬防霉保鲜剂

原料配比

原料	配比（质量份）	原料	配比（质量份）
睡莲本草活性提取物	10.0～15.0	聚合胍	5.0～6.0
野菊花活性提取物	6.0～8.0	净化水	加至 100
壳聚糖	12.0～15.0		

制备方法

（1）将壳聚糖称量好，加入微酸稀释罐中，搅拌均匀至黏稠拉丝；

（2）将睡莲本草活性提取物与野菊花活性提取物、聚合胍按比例加入反应罐搅拌均匀；

（3）将上述两种混合液二合一，混匀；

（4）冷却、分装、保存。

原料介绍

所述的壳聚糖能在果实表面形成一层半透明膜，可减少果蔬与氧气接触面积，降低果蔬的呼吸作用，减缓氧化作用，从而减缓营养成分下降，达到保鲜目的；壳聚糖具有杀灭真菌的作用，可抑制霉菌的生长，保持果蔬新鲜。

所述的聚合胍是一种大分子、高黏性聚合物，可以在果蔬表面形成一层保护膜，阻碍果实水分蒸发和病菌侵入，能调节果实内外的气体交换，使果蔬内部形成一个低 O_2、高 CO_2 浓度的环境，抑制呼吸作用，改变呼吸作用途径，减少果蔬内物质转化和呼吸基质的消耗，使果蔬的外观色泽保持新鲜。对霉菌的灭杀能力达到灭菌剂水平，剂量为 $1\mu g/mL$ 的聚合胍，能在 2min 内杀灭霉菌 99.99%。复配在制剂中，在植物生物的共同作用下，达到更高水平。

所述的野菊花活性物质与睡莲本草活性物质对人体没有伤害，人食用后还可起到强身健体的功效；在果蔬表面形成的保护膜，用水轻轻一洗就可掉，不会被食用。

产品特性

（1）抑菌效果明显，5min 对白色念珠菌的抑菌率达到 99.99%；

（2）睡莲本草活性提取物来源广泛，提取简单；

（3）聚合胍形成的保护膜容易清洗，不会渗透到果蔬内部；

（4）睡莲本草活性提取物绿色、环保、对人体没有伤害。

配方 15　果蔬富硒功能保鲜剂

原料配比

原料	配比（质量份）		
	1#	2#	3#
生物保鲜剂壳聚糖粉体	5	25	1
亚硒酸钠粉体	1	1	—
硒蛋白粉体	—	—	1

制备方法　将各组分混合均匀即可。其剂型形式可以是由生物保鲜剂与硒化合物构成的混合物粉体剂型，也可以是由混合物粉体剂型加水制备成的溶液剂型。

产品应用　本品主要用于果蔬采摘后贮藏保鲜。

使用方法：粉体剂型的果蔬富硒功能保鲜剂，使用时可由使用者按比例配制成溶液剂型，质量浓度为 $2\sim10g/L$。

产品特性

（1）本产品为绿色天然保鲜剂，不会对人体健康产生危害。

（2）由于水果是可生食食品，不需高温和加热，硒的形态不会被破坏，含量也不会损失。因此对水果进行富硒化，使其兼有保健食品的功能，既可达到营养保健作用，又可提高人体对硒的吸收率，且其富硒量容易控制。

（3）本产品具有富硒效果良好、方法简单、成本低、可操作性强的特点。

配方 16　果蔬天然保鲜剂

原料配比

原料	配比（质量份）					
	1#	2#	3#	4#	5#	6#
壳聚糖	105	80	120	85	115	110
L-抗坏血酸	3	5.5	1.5	5	1.8	4.5
焦磷酸钠	80	90	70	87	75	85
柠檬酸	6	10	2	8	2.5	7
无水氯化钙	60	65	50	62	53	55
无水乙醇	50	60	40	55	45	53
正丁醇	800	1000	700	950	750	900

制备方法 先将壳聚糖放到反应釜中，按配比加入正丁醇搅拌 10～20min，使壳聚糖溶胀，待用；将其他原料依次加入上述待用原料中进行干燥后粉碎，使粉碎的粉剂粒度不低于 60 目，然后包装密封，即得成品。

产品特性 本产品配方科学、合理，可延缓果蔬氧化和酶促褐变，可抑制果蔬呼吸作用和水分蒸发，对去皮（核）后的半成品果蔬原料保鲜效果也较好，可在 5 天内保持果蔬的色泽和组织结构，是一种无味、无毒、无污染、无副作用的可食果蔬保鲜剂。

配方 17 果蔬涂膜保鲜剂

原料配比

原料	配比（g/L）					
	1#	2#	3#	4#	5#	6#
普鲁兰糖	30	15	5	49	20	40
纳他霉素	0.2	0.5	1	0.1	0.5	0.8
乳酸链球菌素	0.5	0.2	0.1	1	0.5	0.2
山梨醇	10	10	20	1	7	15
疏水剂	10	10	5	50	20	30
表面活性剂	10	10	1	30	5	20
pH 值为 2.5 的酸性乙醇-水溶液（乙醇和水的体积比为 10:1）	加至 1L	—	—	—	—	—
pH 值为 3.0 的酸性乙醇-水溶液（乙醇和水的体积比为 1:10）	—	加至 1L	—	—	—	—
pH 值为 2.7 的酸性乙醇-水溶液（乙醇和水的体积比为 1:1）	—	—	加至 1L	—	—	—
pH 值为 2.8 的酸性乙醇-水溶液（乙醇和水的体积比为 3:10）	—	—	—	加至 1L	—	—
pH 值为 2.6 的酸性乙醇-水溶液（乙醇和水的体积比为 10:3）	—	—	—	—	加至 1L	—
pH 值为 2.9 的酸性乙醇-水溶液（乙醇和水的体积比为 4:6）	—	—	—	—	—	加至 1L

制备方法 按上述配比称量普鲁兰糖、纳他霉素、乳酸链球菌素、山梨醇、疏水剂、表面活性剂，混合后加入少量的 pH 值为 2.5～3.0 的酸性乙醇-水溶液，加热搅拌至完全溶解后，再用上述酸性乙醇-水溶液稀释至 1L。

原料介绍

所述的纳他霉素和乳酸链球菌素为防腐剂。

所述的疏水剂为食品级虫胶、液体石蜡、蜂蜡、聚醋酸乙烯酯、油酸、硬脂酸中的一种或几种。

所述的表面活性剂为司盘-80、司盘-65、司盘-60、司盘-20 中的一种或几种。

所述的乙醇-水溶液为溶剂，乙醇和水的体积比为（10∶1）～（1∶10），用乙酸、柠檬酸或乳酸中的一种或几种调节溶剂的 pH 值为 2.5～3.0。所用的溶剂呈酸性，有利于提高纳他霉素溶解度。

产品应用

用于果蔬保鲜处理工艺：先将果蔬清洗，再将涂膜剂均匀喷涂于果蔬表面，晾干水分。

产品特性

（1）本产品所用的成膜剂普鲁兰糖的用量较少，降低了成本。普鲁兰糖在本产品的浓度范围内可在果蔬表面形成具有选择通透性的透明保护薄膜，整个果蔬处于低 O_2 和高 CO_2 自发调节的微气调环境中，从而抑制呼吸作用、乙烯产生及膜脂过氧化等需氧生理生化过程，达到果蔬保鲜的目的。

（2）加入疏水剂，不受冷凝水的影响。因普鲁兰糖水溶性很好，由于温度波动果蔬表面常出现冷凝水，形成的薄膜易溶于冷凝水而失去保护作用，本产品加入疏水剂以降低普鲁兰糖薄膜的溶解度。

配方 18　含精氨酸的功能性果蔬保鲜剂

原料配比

原料	配比（质量份）	原料	配比（质量份）
公丁香提取物	15～22	0.2%～1%碳酸氢钠溶液	9～15
乙醚	10～17	精氨酸	5～10
乙醇	15～22	柠檬酸	1～3
10000U/g 生物脂肪酶	14～21		

制备方法　将各组分原料混合均匀即可。

产品特性　本产品由于采用了纯天然的生物材料，因此，在生产和使用中无污染，对果蔬产品和环境无污染，对环境、人体无害。

配方 19　环丙烯类保鲜剂

原料配比

原料		配比（质量份）	
		1#	2#
环丙烯包结物粉末	1-甲基环丙烯	3	4.5
	α-环糊精	14.5	14.5
	白炭黑	5	5
	水	77.5	76

续表

原料		配比（质量份）	
		1#	2#
环丙烯包结物粉末		2.5	1
释放水分子的组合物	十二水磷酸钠	20	51
	甜菜碱盐酸盐	15	47
助剂	滑石粉	补足100	—
	硅藻土	—	补足100

制备方法　将环丙烯包结物粉末、释放水分子的组合物、助剂，按照比例混合均匀以后制备成粉剂，或者混合均匀的物料经过压片机制成片剂。

所述环丙烯类保鲜剂的包装方法，粉剂可以使用粉末包装机进行定量包装，片剂可以根据用量使用不同冲模加工成大小、质量不同的片剂。包装量根据所需用量而定，也可根据实际所需生产各种规格，即可以对应不同的环丙烯释放量。

环丙烯包结物粉末的制备方法：合成纯化后的 1-甲基环丙烯（1-MCP）气体，通入由白炭黑、α-环糊精和水组成的吸收液中，搅拌条件下吸收 0.5～10h，然后抽滤，无水乙醇洗涤，再抽滤，最后干燥制成。

产品应用　本品主要用于果蔬花卉保鲜。所述果蔬花卉包括苹果、香蕉、猕猴桃、鳄梨、梨、桃、油桃、李、杏、樱桃、荔枝、芒果、柠檬、柿子、葡萄、印度枣、杨桃、番石榴、无花果、哈密瓜、西红柿、青花菜、胡萝卜、青椒、西蓝花、苦瓜、莴苣、香菜、康乃馨、玫瑰、百合等品种。

保鲜剂的使用方法：使用时打开外包装塑料薄膜袋，将保鲜剂药包放入所需保鲜的容器内密封即可。所述容器为纸箱、中转箱、小桶或塑料筐。

产品特性

(1) 延长果蔬花卉的贮藏时间，使果蔬花卉保持更好的品质，延缓果蔬花卉成熟衰老带来的品质变化；

(2) 延长果蔬花卉的货架期，使果蔬花卉在流通、销售过程中保持更好的品质；

(3) 减少果蔬花卉在贮藏期和货架期的采后损失，包括质量和品质的损失；

(4) 更好地保持果蔬的硬度、脆度、色泽或新鲜度；

(5) 更好地保持果蔬的口感、风味；

(6) 减小果蔬采后生理病害和微生物病害的发病率；

(7) 可以使花卉保持更长时间的花期，延缓衰老萎蔫。

配方 20　食性涂膜果蔬保鲜剂

原料配比

原料	配比（质量份）		
	1#	2#	3#
果胶	15	12	10
葡萄糖	12	15	10
茶多酚	4	6	8
羧甲基壳聚糖	12	10	15
维生素 C 钠	5	4	8
纳他霉素	1	1	1
柠檬酸	5	4	4
乙醇	18	15	15
蒸馏水	946	930	930

制备方法　分别按配比称取果胶、葡萄糖、茶多酚、羧甲基壳聚糖、维生素 C 钠、纳他霉素、柠檬酸、乙醇，在 30～50℃下，溶于水中，制得食性涂膜果蔬保鲜剂。

产品应用

使用方法：使用本保鲜剂可对果蔬进行喷淋或者浸湿方式处理，形成极薄的涂膜层，有效地降低果蔬的呼吸强度和蒸腾作用，防止褐变，广谱抑菌杀菌，从而保持果蔬的新鲜度，延长果蔬的贮藏寿命。本品食用无毒。

产品特性　本产品体系呈水性，易于储存，安全无毒。本产品在果蔬表面形成的薄膜广谱抑菌杀菌性能好，抗氧防褐变，保鲜期长，保湿功效好且食用无毒。

配方 21　果蔬涂膜保鲜剂

原料配比

原料	配比（质量份）		
	1#	2#	3#
普鲁兰多糖	5	3.5	4
羧甲基纤维素钠	0.6	0.5	0.6
蔗糖酯	0.6	0.5	0.6
环糊精	0.3	0.1	0.3
纳他霉素	0.01	0.01	0.03
水	加至 100	加至 100	加至 100

制备方法

(1) 按上述配比称取纳他霉素和环糊精，加入适量水后加热至 75～85℃，搅拌使原料充分溶解，静置 1～2h；

(2) 按上述配比称取普鲁兰多糖、羧甲基纤维素钠、蔗糖酯于另一容器，混合后用适量水使原料充分浸润、分散，再补齐余量水，加入的水温为 75～85℃，搅拌使原料充分溶解，静置 1～2h；

(3) 将步骤 (1) 得到的溶液加至步骤 (2) 得到的溶液中搅拌均匀，加热沸腾后用均质机均质，冷却后过滤除渣，即得到果蔬涂膜保鲜剂。

原料介绍

所述的普鲁兰多糖为食品级产品；

所述的羧甲基纤维素钠可选用海藻酸钠替代；

所述的蔗糖酯的 HLB 值（亲水亲油平衡值）为 6～10；

所述的环糊精可选用 β-环糊精、α-环糊精或 γ-环糊精中的任一种；

所述的水为纯净水或去离子水。

产品应用　本品主要用于橙、苹果、草莓、枣类、圣女果等果蔬的贮藏保鲜。

产品特性

(1) 本品所用主要原料均为可降解材料，不会造成环境污染。

(2) 使用后能有效减少果蔬失水，失重率降低 10％左右；可改善果蔬外观，提高果品光泽度。

(3) 通过使用环糊精包埋技术将食品防腐剂纳他霉素结合在被膜上，有效抑制了贮藏期病菌的滋生，使果品腐烂率降低 15％～30％。本产品制备方法简单、使用简便，可与低温保藏、气调保藏等方法结合使用，效果显著。

配方 22　水果蔬菜保鲜剂

原料配比

原料	配比（质量份）				
	1#	2#	3#	4#	5#
二氧化碳吸附剂	85	70	75	60	65
乙烯吸收剂	7	10	10	10	10
气体释放剂	—	5	2	10	10
去味剂	5	10	10	10	10
空气湿度调节剂	3	5	3	10	5

制备方法　将二氧化碳吸附剂、乙烯吸收剂、气体释放剂、去味剂、空气湿

度调节剂混合,用三层袋装;

二氧化碳吸附剂制备方法:将氢氧化钙、氯化钙、水按50%、5%、45%的比例调和,再造粒、晒干,制得二氧化碳吸附剂,待用;

乙烯吸收剂制备方法:将高锰酸钾、磷酸、水按2:3:45的比例配制溶液,再用硅藻土吸附,阴干,加工成粉末状,制得乙烯吸收剂,待用;

采用活性炭作为去味剂;采用生石灰作为空气湿度调节剂;采用过氧化物作为气体释放剂。

产品应用

使用方法:

(1)袋装保鲜剂与水果蔬菜一并置于封闭包装袋中,储存于-1～25℃环境中。

(2)袋装保鲜剂平放至水果蔬菜包装纸箱的每一层中,封箱,储存于-1～25℃环境中。

(3)袋装保鲜剂平放至储存有水果蔬菜的集装箱或冷库的各个角落,或放至集装箱或冷库换气扇的出风口处。

产品特性 本产品放入包装内,可有效地调节果蔬贮存环境的气体成分,从而达到抑制果蔬呼吸、延长果蔬保鲜期的效果。本产品可以延长果蔬保存期,并且能有效地控制气味、口感、色泽等品质的变化。本产品属于纯物理保鲜,对果蔬内在品质无影响。

配方 23 天然果蔬清洁保鲜剂

原料配比

原料		配比(质量份)					
		1#	2#	3#	4#	5#	6#
成膜剂	普鲁兰多糖	53	40	38	63	48	46
	海藻酸钠	12	—	—	—	—	5
	壳聚糖	—	—	22	—	6	3
表面活性剂	鼠李糖脂	—	15	—	—	—	—
	槐糖脂	—	15	—	—	—	—
	蔗糖酯	—	—	—	7	—	—
	烷基聚糖苷	—	—	22	—	30	—
	卵磷脂	15	—	—	—	—	—
	海藻糖脂	—	—	18	5	—	—
	皂素	—	—	—	—	—	13

续表

原料		配比（质量份）					
		1#	2#	3#	4#	5#	6#
抑菌剂	ε-聚赖氨酸	15	—	—	5	—	11
	乳酸链球菌素	—	8	—	13	11	—
	纳他霉素	—	—	10	—	—	—
	柠檬酸	—	18	—	7	—	17
离子剂	氯化钠	5	2	—	—	3	2
	小苏打	—	2	—	—	2	3

制备方法　将各组原料混合均匀即可。

原料介绍

所述的成膜剂能够在果蔬的表面形成一层薄膜，阻隔氧气和水分的传递，抑制果蔬的呼吸，保持果蔬的水分。同时薄膜能吸附果蔬表面的残留农药、重金属等物质，脱离果蔬的表面，使其易于被清洗。成膜剂可选自以下的一种或几种物质：普鲁兰多糖、海藻酸钠、壳聚糖、黄原胶、卡拉胶、刺槐豆胶，均为天然多糖成分，在食品行业中常用作成膜剂、增稠剂等。

所述的离子剂可以增加残留农药在清洁剂溶液中的溶解度，使其更易被清除，还能使清洁剂溶液产生丰富的泡沫，加强清洁的效果。

产品应用

使用方法：1份果蔬清洁保鲜剂加水 100～500 份，搅拌混匀后，将果蔬在其中浸泡 5～10min，捞出用清水冲洗两遍后食用；或者若暂不食用，捞出晾干后室温或冷藏保存，食用前再用清水冲洗两遍。

产品特性　该清洁保鲜剂的组成为天然无毒食品级成分，对人体无毒害，易被自然降解；去污能力强，能够有效去除农药、重金属等残留物质，并能清除病菌和抑制病菌生长；同时还能在果蔬表面形成一层薄膜，防止果蔬的水分流失、营养成分损失及腐败，起到短期保鲜的作用。

配方 24　天然植物型果蔬护色保脆保鲜剂

原料配比

原料		配比（质量份）		
		1#	2#	3#
丁香、松针和柚皮提取物	丁香	18	18	18
	松针	25	25	25
	柚皮	45	45	45
	95%的乙醇溶液①	80	80	80
	95%的乙醇溶液②	60	60	60

原料	配比(质量份)		
	1#	2#	3#
丁香、松针和柚皮提取物	15	18	12
壳聚糖	6	5	8
维生素C钠	3	3	4
纳他霉素	0.4	0.4	0.4
柠檬酸	3	2	3
葡萄糖酸钙	4	4	4
水	68.6	67.6	68.6

制备方法

(1) 分别称取丁香、松针、柚皮，洗净晾干，用粉碎机粉碎；

(2) 加入含量为95%的乙醇①浸泡24h左右，过滤，滤渣再次加入95%乙醇②浸泡24h左右，过滤，所得滤液合并，减压浓缩，回收溶剂得浸膏，将浸膏真空干燥得到粉末状提取物；

(3) 按配比称取混合提取物、壳聚糖、维生素C钠、纳他霉素、柠檬酸、葡萄糖酸钙、水，混合均匀，得到天然植物型果蔬护色保脆保鲜剂。

产品应用　本品主要用作果蔬护色保脆保鲜剂。

使用方法：将上述保鲜剂稀释10倍，将新鲜蔬菜整理、清洗后，浸泡于上述保鲜液中15～30min，捞出，晾干即可用保鲜袋或保鲜盒包装，保存25天后，仍然鲜绿清脆，无褐变，无萎蔫现象。

产品特性

(1) 本产品防腐剂安全无毒无异味，广谱抑菌，抑菌灭菌性能好，抗氧化，不变色，保湿、保鲜效果佳。

(2) 制作本产品所用原料来自自然界中的天然植物，原料易得，价格便宜。

配方 25　鲜切果蔬杀菌、护色保鲜剂

原料配比

原料	配比(质量份)	原料	配比(质量份)
亚氯酸钠	0.05	水	加至100
丙酸钙	1		

制备方法　将上述原料按配比混合均匀，即得所述的鲜切果蔬杀菌、护色保鲜剂。

产品应用　本品主要用作多种水果蔬菜鲜切产品的杀菌和保鲜。

加工保鲜方法：对果蔬进行挑选、分级、清洗，采用 100mg/L 次氯酸钠浸泡消毒 1～5min，鲜切后用鲜切果蔬杀菌、护色保鲜剂（0.01%～0.1% 亚氯酸钠和 0.5%～2% 的丙酸钙复合溶液）浸泡 3～5min，除去表面水分，装入塑料包装袋或盒后封口，于 0～4℃ 条件下进行冷藏、运输或者销售。

产品特性　本保鲜剂对鲜切果蔬进行消毒杀菌的同时，可保持鲜切果蔬产品的质地和颜色，可保鲜 10～20 天左右。可以用于会议、宴会、学生配餐、日常消费中方便的水果消费产品。

配方 26　多效果蔬保鲜剂

原料配比

原料		配比（质量份）				
		1#	2#	3#	4#	5#
β-环糊精		5	10	6	8	7
肉桂精油		1	2	1.8	1.2	1.5
壳聚糖		0.1	1	0.2	0.8	0.5
多孔负载 1-MCP 粉末		1	3	2.5	1.5	2
蜂胶		1	2	1.3	1.7	1.5
吐温-80		1	2	1.8	1.2	1.5
多孔负载 1-MCP 粉末	质量分数为 2% 的聚乙烯醇溶液	4	—	—	—	—
	质量分数为 6% 的聚乙烯醇溶液	—	10	—	—	—
	质量分数为 5% 的聚乙烯醇溶液	—	—	6	—	—
	质量分数为 3% 的聚乙烯醇溶液	—	—	—	8	—
	质量分数为 4% 的聚乙烯醇溶液	—	—	—	—	7
	质量分数为 1% 的海藻酸钠溶液	1	—	—	—	—
	质量分数为 2% 的海藻酸钠溶液	—	3	—	—	—
	质量分数为 1.7% 的海藻酸钠溶液	—	—	1.5	—	—
	质量分数为 1.3% 的海藻酸钠溶液	—	—	—	2.5	—
	质量分数为 1.5% 的海藻酸钠溶液	—	—	—	—	2
	1-MCP 粉末	1	3	1.5	2.5	2
	质量分数为 1% 的氯化钙的饱和硼酸溶液	0.1	—	—	—	—
	质量分数为 2% 的氯化钙的饱和硼酸溶液	—	1	—	—	—
	质量分数为 1.7% 的氯化钙的饱和硼酸溶液	—	—	0.2	—	—
	质量分数为 1.3% 的氯化钙的饱和硼酸溶液	—	—	—	0.8	—
	质量分数为 1.5% 的氯化钙的饱和硼酸溶液	—	—	—	—	0.5

制备方法

(1) 将 β-环糊精加入水中，70～80℃搅拌 10～30min，降温至 50～60℃，得到 β-环糊精溶液。

(2) 将肉桂精油加入 β-环糊精溶液，超声搅拌 1～2h，超声频率为 10～16kHz，降至室温得到精油复合物；降至室温过程中，降温速度为 0.1～1℃/min。

(3) 向精油复合物中加入壳聚糖、多孔负载 1-MCP 粉末、蜂胶、吐温-80，常温搅拌 1～2h，得到多效果蔬保鲜剂。

原料介绍

所述的多孔负载 1-MCP 粉末为 1-MCP 固定在聚乙烯醇的孔隙与网状结构中。

所述的多孔负载 1-MCP 粉末采用如下步骤制取：将聚乙烯醇溶液与海藻酸钠溶液混合，40～60℃搅拌 1～2h，加入 1-MCP 粉末继续搅拌，加入含有氯化钙的饱和硼酸溶液继续搅拌，过滤，洗涤，冷冻干燥得到多孔负载 1-MCP 粉末。过滤后用蒸馏水洗涤 2～4 次。

产品应用　本品是一种多效果蔬保鲜剂。

使用方法：将果蔬置于保鲜剂中浸没 2～4min，捞出后晾干，装袋，置于 25～30℃、湿度 70%～80% 的环境中保存。

产品特性

(1) 本品采用聚乙烯醇将 1-MCP 固定在其丰富的孔隙与网状结构中，不仅使多孔负载 1-MCP 粉末对乙烯的吸附容量增大，同时可有效阻断乙烯作用的环烯烃，防止衰老与成熟相关成分的活化，从而有效清除生成的乙烯，抑制果蔬后熟，进一步增强保鲜效果。

(2) 本品将肉桂精油在超声作用下分散在 β-环糊精溶液中，由于 β-环糊精特殊的喇叭状结构并具有外亲水及内疏水的特性，肉桂精油在超声作用下充分分散至 β-环糊精内部，相互间亲和性高。

(3) 壳聚糖具有极好的成膜性能，与所得精油复合物复配，使所得多效果蔬保鲜剂可在果蔬表面形成一层可食用薄膜，同时可有效延长蔬菜的保鲜期并改善果蔬的色泽。

(4) 本品利用壳聚糖和蜂胶的成膜特性，通过浸没方式作用于果蔬表面，不仅可降低氧气含量，使果蔬呼吸强度下降，而且在精油复合物的缓释作用下不断释放内物料，通过吸收内源乙烯与增强抑菌效果相配合，延缓果蔬过熟与腐烂，实现多重功能，达到果蔬长效保鲜的目的，同时保鲜时效长，经济效益高。

配方 27　复合果蔬保鲜剂

原料配比

原料	配比(质量份)								
	1#	2#	3#	4#	5#	6#	7#	8#	9#
变性淀粉	1	1	1	1.5	1.5	1.5	2	2	2
抗坏血酸	0.5	1	1.5	0.5	1	1.5	0.5	1	1.5
甘油	0.5	1	1.5	1	1.5	0.5	1.5	0.5	1

制备方法　将变性淀粉置于水中搅拌均匀，搅拌速度为 $300\sim600r/min$，在 $90\sim100℃$ 条件下使其完全糊化，保温 $10\sim30min$，冷却 $5\sim15min$，然后加入抗坏血酸，在 $20\sim30℃$ 下搅拌均匀使其完全溶解，再加入甘油搅拌使其完全混合均匀，即为所制备的保鲜剂。

原料介绍

所述变性淀粉是氧化淀粉、羟丙基淀粉、氧化羟丙基淀粉中的一种。

所述变性淀粉的细度为 $80\sim160$ 目。

所述抗坏血酸是 $L(＋)$-抗坏血酸。

产品应用　本品是一种果蔬保鲜剂。

产品特性　本品以变性淀粉、抗坏血酸、甘油为原料，制得的保鲜剂在果蔬表面形成一层保护膜，抑制了果蔬的呼吸作用，可有效减少果蔬水分的挥发，延缓果蔬色泽、光泽度的劣变，确保果蔬的品质，延长果蔬的保鲜期。本品原料成本低且易得，制备方法简单。

配方 28　果蔬保鲜剂（二）

原料配比

原料	配比(质量份)		
	1#	2#	3#
艾蒿多糖	1	2.5	2
无患子提取物	1	0.5	0.8
薄荷油微乳剂	1	3	2
无菌水	加至 100	加至 100	加至 100

制备方法

(1) 将艾蒿多糖采用二分之一无菌水溶解完全，同时升温至 $60\sim65℃$；

(2) 将薄荷油微乳剂加入步骤 (1) 所得物中，均质 $3\sim5min$，均质速率为

5000～8000r/min；

（3）将无患子提取物和剩余无菌水加入步骤（2）所得物中，搅拌 10～15min，降温至 40～45℃，调节 pH 值，继续搅拌 30～50min，降至室温即得。

原料介绍

所述艾蒿多糖由如下方法制备：

（1）将干燥艾蒿叶用粉碎机粉碎后，过 40～80 目筛，取艾蒿叶干粉放入烧杯中，按料液比 1∶90 加入无菌水，置于 70～80℃恒温水浴锅中搅拌提取 2～5h，重复 3 次，提取液混合浓缩至 60℃下相对密度为 1.1～1.5 的浸膏，加入乙醇沉淀，离心得沉淀；乙醇的体积分数为 85%～90%，所述乙醇与所述浸膏的料液比为 1∶（2～4）。

（2）将步骤（1）所述的沉淀依次用 5～10 倍重量的无水乙醇、丙酮分别洗涤，将洗涤后的沉淀用 5～10 倍无菌水溶解，加入木瓜酶酶解 1～3h，灭酶，得到酶解液。

（3）将酶解液经分子量为 50000～100000 的透析袋进行第一次透析 24～48h，取保留液经分子量为 120000～150000 的透析袋进行第二次透析 24～48h，取第二次渗出液浓缩，得浓缩液，加入乙醇沉淀，离心得到沉淀；乙醇的体积分数为 85%～90%，所述乙醇与所述浓缩液的料液比为 1∶（2～3）。

（4）将步骤（3）所述的沉淀依次用 5～10 倍重量的无水乙醇、丙酮分别洗涤，将洗涤后的沉淀用 5～10 倍无菌水溶解，加入活性炭脱色，过滤，喷雾干燥，即为艾蒿多糖。

所述无患子提取物由如下方法制备：

（1）将无患子压榨去核；

（2）将步骤（1）处理后的无患子用蜂蜜浸泡 20～30h，其中，步骤（1）处理后的无患子与蜂蜜的质量比为 1∶（3～5）；

（3）加热打浆，持续加热 5～15h，控制浆液温度为 80～95℃；

（4）过滤，取滤液；

（5）加入复合蛋白酶水解 3～8h；

（6）浓缩，过滤，取滤液即得。

所述复合蛋白酶为碱性蛋白酶和木瓜酶的混合，所述碱性蛋白酶和木瓜酶的质量比为 1∶1。

所述薄荷油微乳剂由如下方法制备：

将 3% 的甲基葡糖倍半硬脂酸酯、5% 的 PEG-20 甲基葡糖倍半硬脂酸酯和 5% 的薄荷油混合构成油相，将油相加热至 70～80℃，搅拌溶解；将 10% 的双丙甘醇、5% 的山梨醇和补足至 100% 的无菌水混合构成水相，将水相加热至

80～90℃，搅拌溶解；加压 0.1～5MPa，将水相注入油相混合物中，均质，均质速率为 5000～8000r/min，3～5min 后保温搅拌 20～25min，降温冷却至室温即可。

所述的传统微乳剂制备方法中通常采用负压将油水相混合，本品采用加压形式制备薄荷油微乳剂，使薄荷油微乳剂能够更好地溶解在果蔬保鲜剂中。

产品应用　本品是一种果蔬保鲜剂。

使用时，将果蔬去掉不可食用部分，洗净，根据品种和使用需要加工成块等各种形状的固形物。然后，将固形物浸没于保鲜剂中 10～30min，从保鲜剂中取出果蔬固形物，沥干后装入复合层塑料袋中。经真空封口后，置于常温下保鲜。使用时，从袋中取出果蔬等固形物，经清水洗涤，基本脱去保鲜剂，使之恢复新鲜口味。该方法可以延长保鲜期 3～5 倍。

产品特性　保鲜剂的成分主要为天然植物成分，取材简单，价格低廉，且符合天然无毒的绿色食品要求，对人体有益无害，无残毒，安全可靠。能够解决现有技术中保鲜果蔬投入成本高、保鲜效果不持久和化学保鲜剂残留危害人体健康的问题。

配方 29　具有抑制果蔬褐变及软化作用的保鲜剂

原料配比

原料	配比(质量份)	原料	配比(质量份)
氧化白藜芦醇	0.5	六偏磷酸钠	1
聚乙二醇 400	5(体积)	氯化钙	2
D-异抗坏血酸钠	4	去离子水①	400(体积)
柠檬酸	2	去离子水②	595(体积)

制备方法　称取所需的氧化白藜芦醇，用聚乙二醇 400 溶解，然后加去离子水①稀释至需要浓度；D-异抗坏血酸钠、柠檬酸、六偏磷酸钠、氯化钙用去离子水②搅拌溶解，配成混合溶液备用。将配制好的氧化白藜芦醇溶液与混合溶液混合，搅拌均匀，即为保鲜剂。

产品应用　本品主要用于余甘子、蘑菇、白淮山等果蔬，具有抑制褐变及软化作用。

处理方法：将果蔬洗净后浸泡于保鲜剂中，5～10min 后捞出沥干，即可有效抑制果蔬褐变及软化。

产品特性　本品制备方法简单，环境友好，各组分协同效应好，防褐变和软化能力强，能够对新鲜果蔬常温放置过程中的褐变和软化进行有效控制。

配方 30　蔬菜水果保鲜剂

原料配比

原料	配比（质量份）		
	1#	2#	3#
木质素	3	4	5
硫酸钠	1.5	2.5	3.5
甲壳素	2	4	6
乙醇	0.5	0.6	0.7
乳酸	2	3	4
水	40	50	60

制备方法　先将硫酸钠、甲壳素于50℃均匀混合，再将所得物与水、乙醇、乳酸于70℃混合，后加入木质素搅拌，冷却至常温即得。

产品应用　本品主要用作蔬菜水果的保鲜剂。

产品特性

（1）本产品加入了木质素，为其他药品构筑了坚固、密封性良好的框架结构，使得药品能够均匀缓慢地释放，维持均匀长期保鲜，可使桃、梨、葡萄等水果长期保鲜。

（2）制作简单，涂膜方便。

（3）不释放出对人有害的气体，可以长时间与水果混放在一起而不产生副作用。

（4）加入甲壳素，具有减少维生素的损失、净化除异味等作用。

本产品具有生产工艺简单、成本低廉、耗能小、对人体无害、不污染环境、符合环保要求、水果保鲜期长等特点。

配方 31　蔬菜水果用保鲜剂

原料配比

原料	配比（质量份）		
	1#	2#	3#
乳化剂	5～8	5～8	5～8
山苍子提取物	39	5	4
八角茴香提取物	4	2	3
壳聚糖	3	2	2.5
氯化钙	2	3	2.5

续表

原料	配比(质量份)		
	1#	2#	3#
亚硫酸氢钙	1.5	3	2
亚氯酸钙	3	1.5	2
无水乙醇	1.5	3	2.5
柠檬酸	0.5	1	0.8
蒸馏水	加至100	加至100	加至100

制备方法 将上述质量份的原料按配比混合均匀,溶于水。

产品应用 本品主要用作蔬菜水果保鲜剂。

保鲜方法:将蔬菜或水果浸入保鲜剂中5～10min,捞出并晾干,放入保鲜器皿,覆上保鲜膜,于室温条件下贮藏。

产品特性

(1)性能优异:具有很好的生物相容性、成膜性、吸附性、通透性、吸湿性和一定的抗菌作用;抑制果蔬呼吸,同时抑制微生物繁殖和生长,提高果蔬光泽度,提高果蔬感官品质;具有明显减少果蔬腐烂、防止氧化变色、纤维分解变软的多功能特性;具有缓释的效果,增长了保鲜剂的使用时间,使果蔬能在长时间内保持新鲜;减缓果蔬水分损失,保持果蔬品质,提高果蔬商品性,延长果蔬货架寿命。

(2)安全环保:原料组分无毒无害,不含苯甲酸钠等常用的化学合成防腐剂,产品无污染,使用安全。

(3)高效:保鲜效果好,抗菌作用优于苯甲酸钠。

配方 32 蔬果保鲜剂

原料配比

原料	配比(质量份)				
	1#	2#	3#	4#	5#
黑蒜提取物	10	20	12	17	15
木醋液	15	30	17	22	20
吐温-80	0.5	1	0.6	0.9	0.7
司盘-80	0.5	1	0.6	0.9	0.7
植物精油	1	3	1.5	2.5	2
维生素C	0.1	0.5	0.2	0.4	0.3
无菌水	100	150	110	140	125

制备方法

(1) 将黑蒜提取物和木醋液混合均匀，得到混合料；

(2) 将植物精油、维生素 C 加入无菌水中，搅拌均匀后，加入步骤（1）中混合料，继续搅拌均匀，然后加入吐温-80、司盘-80，均质，得到蔬果保鲜剂。均质条件为 5000～8000r/min，均质 1～3min。

原料介绍

所述黑蒜提取物由以下方法制备而成：将新鲜蒜带皮置于发酵箱中发酵处理 90～120 天，制得黑蒜；将黑蒜去皮洗净，切碎后浸泡在去离子水中，微波加热至 50～70℃提取 1～3h 后，过滤，滤渣干燥后球磨粉碎至 1000 目以下，分散至滤液中，粉碎均匀后，浓缩至无明水，得到黑蒜提取物。所述发酵处理的条件为温度 25～35℃，湿度 70%～90%。所述微波功率为 1000～1200W。

所述植物精油选自薰衣草精油、柠檬精油、香柠檬精油、肉桂精油、迷迭香精油、百香果精油、葡萄籽精油中的一种或几种混合。

产品应用 本品是一种蔬果保鲜剂。

产品特性 本品的制备方法简便，所制备的保鲜剂复合多种天然生物保鲜剂，具有很强的成膜性，能抑制多种细菌、微生物的生存，同时隔绝空气，使得细菌难以生存，从而可以杀菌抑菌，具有杀菌抑菌效果好、作用范围广、作用时间持久等特点，实用性强。

2 通用水果保鲜剂

配方 1 固态水果保鲜剂

原料配比

<table>
<tr><td rowspan="2" colspan="2">原料</td><td colspan="10">配比（质量份）</td></tr>
<tr><td>1#</td><td>2#</td><td>3#</td><td>4#</td><td>5#</td><td>6#</td><td>7#</td><td>8#</td><td>9#</td><td>10#</td></tr>
<tr><td rowspan="3">高吸水性树脂</td><td>淀粉接枝丙烯腈高吸水性树脂</td><td>10.0</td><td>—</td><td>2.0</td><td>—</td><td>—</td><td>—</td><td>—</td><td>—</td><td>10</td><td>8</td></tr>
<tr><td>羧甲基壳聚糖接枝丙烯酸高吸水性树脂</td><td>—</td><td>—</td><td>2.0</td><td>—</td><td>—</td><td>—</td><td>3.0</td><td>—</td><td>10</td><td>—</td></tr>
<tr><td>聚丙烯酸钠高吸水性树脂</td><td>—</td><td>4.0</td><td>—</td><td>1.0</td><td>0.1</td><td>10.0</td><td>—</td><td>1.0</td><td>10</td><td>5</td></tr>
<tr><td rowspan="4">蓄冷剂</td><td>氯化钠</td><td>0.1</td><td>—</td><td>—</td><td>—</td><td>—</td><td>—</td><td>5.0</td><td>—</td><td>—</td><td>—</td></tr>
<tr><td>丙三醇</td><td>—</td><td>0.2</td><td>—</td><td>—</td><td>—</td><td>—</td><td>5.0</td><td>5.0</td><td>—</td><td>—</td></tr>
<tr><td>硫酸铜</td><td>—</td><td>—</td><td>1.0</td><td>—</td><td>—</td><td>—</td><td>5.0</td><td>—</td><td>—</td><td>—</td></tr>
<tr><td>水</td><td>100</td><td>200</td><td>1000</td><td>100</td><td>10</td><td>3000</td><td>300</td><td>100</td><td>1000</td><td>2000</td></tr>
<tr><td rowspan="4">抑菌剂</td><td>丁香油</td><td>0.1</td><td>—</td><td>—</td><td>—</td><td>—</td><td>10</td><td>—</td><td>—</td><td>—</td><td>—</td></tr>
<tr><td>槟榔油</td><td>—</td><td>—</td><td>0.1</td><td>—</td><td>5.0</td><td>20</td><td>10</td><td>—</td><td>1</td><td>20</td></tr>
<tr><td>脱氢醋酸钠</td><td>—</td><td>—</td><td>—</td><td>—</td><td>—</td><td>30</td><td>1</td><td>—</td><td>20</td><td>10</td></tr>
<tr><td>乙醇</td><td>0.1</td><td>—</td><td>—</td><td>—</td><td>—</td><td>95</td><td>—</td><td>—</td><td>50</td><td>90</td></tr>
</table>

制备方法

方法一包括以下步骤：

（1）按比例将高吸水性树脂装入多孔性包装材料做成的容器中，封口备用；

（2）将步骤（1）已装有高吸水性树脂的多孔性包装材料做成的容器放入蓄冷剂或蓄冷剂和抑菌剂的混合液中；使蓄冷剂或蓄冷剂和抑菌剂的混合液吸附于高吸水性树脂中，即得到所需的固态水果保鲜剂。所述高吸水性树脂与蓄冷剂或蓄冷剂和抑菌剂的混合液的质量比优选为 1∶(10～500)，其具体比例以高吸水性树脂吸收蓄冷剂或蓄冷剂和抑菌剂的混合液后不流出，且呈固态为度。

方法二包括以下步骤：

(1) 按比例将高吸水性树脂加入蓄冷剂或蓄冷剂和抑菌剂的混合液中，使蓄冷剂或蓄冷剂和抑菌剂的混合液吸附到高吸水性树脂中；

(2) 将步骤 (1) 已吸附蓄冷剂或蓄冷剂和抑菌剂混合液的高吸水性树脂装入多孔性包装材料做成的容器中，封口，即得所需的固态水果保鲜剂。

方法三包括以下步骤：

(1) 将高吸水性树脂和抑菌剂按比例混匀，装入多孔性包装材料做成的窖器中，封口备用；

(2) 将蓄冷剂按比例加入步骤 (1) 中，使蓄冷剂吸附到高吸水性树脂中，即得所需的固态水果保鲜剂。

产品应用 本品主要用作固态水果保鲜剂。

使用方法：将固态水果保鲜剂放入纸箱或塑料盒底部，在上面放入多孔的纸板或多孔的单果托盘，再将采下的水果直接放入垫有纸板或单果托盘的箱中，箱的四周及其盖打孔，进行常温贮藏。

产品特性

(1) 本产品具有制备和保鲜方法简单、操作方便、保鲜期长等优点。

(2) 本产品特别适应于荔枝常温保鲜和低温保鲜，也适用于其他水果和蔬菜的常温保鲜或其他水果和冰鲜鱼的低温保鲜。本产品可使极难常温保鲜的荔枝等水果的常温保鲜期达 8 天以上，且其色、香、味、形保持不变。

配方 2 果品用防霉保鲜剂

原料配比

原料	配比(质量份)	原料	配比(质量份)
活性炭	1	氯化钠	3
氢氧化钠	4.5	硫酸亚铁	4

制备方法

(1) 先将氢氧化钠、活性炭、氯化钠分别烘干，使其水分含量不超过 5%。

(2) 将经烘干后的 1 份活性炭和 4.5 份氢氧化钠混合装入密封的容器中搅拌均匀后再加入烘干后的氯化钠 3 份，搅拌均匀，最后加硫酸亚铁 4 份粉碎搅拌混合均匀成 80～100 目的粉剂。

(3) 将经搅拌混合均匀后的粉剂，装入塑料袋密封即为果品用防霉保鲜剂。

产品应用 本品主要用作食用果品（干果）的防霉保鲜剂。使用时只需在装有防霉保鲜剂的塑料袋上用针打几个小孔，直接放在装有果品的包装箱内即可。

产品特性 该防霉保鲜剂抗菌、防霉、保鲜之功效显著，其防霉保鲜期可达12个月以上，且对人体无副作用。本品制作工艺简单，成本低廉。

配方 3 纳米银复合水果保鲜剂

原料配比

原料	配比（质量份）
1.0%壳聚糖醋酸溶液	50
1.0%羧甲基壳聚糖去离子水溶液	50
甘油	1
纳米银氧化锆（银5.0%、氧化锆95.0%）	0.05～0.1

制备方法

（1）将壳聚糖溶于2.0%的醋酸溶液中制成1.0%的壳聚糖醋酸溶液备用。

（2）将羧甲基壳聚糖溶于去离子水中制成1.0%羧甲基壳聚糖去离子水溶液备用。

（3）将1.0%壳聚糖醋酸溶液、1.0%羧甲基壳聚糖去离子水溶液及甘油混合，搅拌透明后加入纳米银氧化锆进行充分混合，静置，即得复合保鲜剂。

产品应用 本品主要用作水果保鲜剂。

使用方法：将新采摘的水果，如蜜橘成熟果实，放入纳米银复合保鲜剂中浸渍，晾干后其会在水果表皮形成一层无色无味的保护膜，不仅能杀死青霉、黑曲霉等各种霉菌以及细菌，还能隔绝蜜橘表皮与霉菌、细菌接触，进一步保护果实。既能维持蜜橘的光泽和风味，延长保鲜期，又能保存其中的各种营养成分，是一种绿色果蔬保鲜剂。该水果保鲜剂使用方便，可以进行双重保鲜，即对树上水果的喷洒和对采摘下的水果浸渍。

产品特性 本产品为水溶性和抗菌性能优异的水果保鲜剂，使用方便，水果保鲜范围广，效果佳，并且能抑制水果细胞的呼吸作用和蒸腾作用。与普通化学保鲜剂相比，采用了天然生物高分子材料，具有安全、无毒、成膜、抑菌、可食用、可降解等多种特性，能降低水分、总糖、总酸、维生素C的流失，使其保持在较高水平，进而延长果实保鲜期，避免了化学药品所带来的一系列水果保鲜问题，无毒无害，绿色环保。

配方4 水果复合保鲜剂

原料配比

原料	配比（质量份）		
	1#	2#	3#
乳酸链球菌素	1	0.5	0.6
山梨酸钾	20	12	15
乙二胺四乙酸二钠	0.5	0.3	0.4
无菌水	加至1000	加至1000	加至1000

制备方法 将上述乳酸链球菌素、山梨酸钾、乙二胺四乙酸二钠加入容器中，加入500份无菌水使之充分溶解，调节pH值为5，再加入无菌水定容至1000份。

产品应用 本品主要用于水果保鲜。

产品特性 本品初步解决了乳酸链球菌素抑菌谱狭窄、对革兰氏阴性菌抑制效果不明显的问题，是具有广谱抑菌效果的复合保鲜剂。

配方5 苹果和梨水果保鲜剂

原料配比

原料	配比（质量份）	原料	配比（质量份）
焦亚硫酸钠	10	木质素	20
十二水合硫酸铝钾	8	甲壳素	17
三乙醇胺	5	水	40

制备方法 先将焦亚硫酸钠、十二水合硫酸铝钾于50℃混合均匀，再将所得物与水、三乙醇胺、甲壳素于70℃混合，然后加入木质素搅拌，冷却至常温即得。

产品应用 本品主要用作梨、苹果的保鲜剂。

产品特性

(1) 本品加入木质素，为其他药品构筑坚固的、密封性良好的框架结构，使得药品能够均匀缓慢地释放，可长期保鲜，使苹果、梨、葡萄等水果长期保鲜。

(2) 本品制作简单，涂膜方便。

(3) 本品不释放对人体有害的气体，可以长时间与梨混放在一起而不产生副作用，保持品质。

(4) 本品加入甲壳素，具有减少维生素的损失、净化除异味等作用。

配方 6　低成本水果保鲜剂

原料配比

原料	配比(质量份)		原料	配比(质量份)	
	1#	2#		1#	2#
乙醇	1	2	吗啉	5	3
乳酸	0.3	0.5	石碳酸钠	2	1
小烛树蜡	32	40	水	190	150

制备方法　将各组分混合均匀即可。

产品应用　本品主要用作水果保鲜剂。

产品特性　本产品配方合理,使用效果好,生产成本低。

配方 7　抑菌型水果保鲜剂

原料配比

原料	配比(质量份)	原料	配比(质量份)
淀粉	25	赤霉素	1.5
苯甲酸钠	4	生长素	0.2
柠檬酸	2.5	抑菌唑	3

制备方法　将各组分混合均匀即可。

产品应用　本品主要用作水果保鲜剂。

产品特性　本品配方合理,制作成本低廉,使用效果好,具有灭菌和抑制细菌生长的作用,保鲜作用持续时间长。

配方 8　喷洒型水果保鲜剂

原料配比

原料	配比(质量份)		原料	配比(质量份)	
	1#	2#		1#	2#
水	63	68	硅胶	11	11.5
柠檬酸	9	10	膨润土	25	26
硫酸亚铁	3	4	蔗糖	28	27
碳酸钠	1.5	1	乳酸钠	13	13
淀粉	15	18	羧甲基壳聚糖	9	9
活性炭	10	13	氯化钾	25	25

制备方法

（1）将水、淀粉、活性炭、硅胶、膨润土、蔗糖、羧甲基壳聚糖按照质量份数要求送进搅拌混合器内进行搅拌混合得到一号溶液。所述搅拌混合器的搅拌速度为 20～30r/min，温度控制在 42～49℃。

（2）将一号溶液与柠檬酸、硫酸亚铁、碳酸钠、乳酸钠、氯化钾按照质量份数要求送进搅拌混合器内进行搅拌混合得到二号溶液。所述搅拌混合器的搅拌速度为 10～15r/min，温度控制在 30～35℃。

（3）将二号溶液过 80 目筛进行过滤，制得喷洒型水果保鲜剂。

产品应用　本品主要用作水果保鲜剂。使用时，将水果保鲜剂直接喷洒在采摘下来的水果上即可，樱桃保鲜一般为 4～5 个月。

产品特性　本产品由多种材料配制而成，使用的原材料成本低廉，制作成本低；各种成分之间的比例适中，易于储存，安全无毒。本产品是喷用保鲜剂，使用时在水果表面形成的薄膜具有防腐杀菌性能好、保鲜期长、保湿功效好且食用无毒的特点，不会对环境造成二次污染。

配方 9　柑橘类水果保鲜剂

原料配比

原料	配比（质量份）		原料	配比（质量份）	
	1#	2#		1#	2#
蔗糖酯	4	2	苹果酸	0.6	0.4
涕必灵	0.2	0.3	苯并咪唑	0.5	0.3
苯甲酸钠	0.3	0.7	水	加至 100	加至 100

制备方法　将各组分混合均匀，溶于水，即为水果保鲜剂。

产品应用　本产品主要应用于柑橘类水果的保鲜。

使用方法：将水果放在本保鲜剂中 2～5min 即可。

产品特性　本产品配方合理，保鲜效果好，生产成本低，特别适用于柑橘类水果的保鲜。

配方 10　广谱水果保鲜剂

原料配比

原料	配比（质量份）		
	1#	2#	3#
柠檬酸	3	5	4
硫酸亚铁	2	3	2.5

续表

原料	配比（质量份）		
	1#	2#	3#
山梨酸钾	0.01	0.02	0.015
淀粉	8	10	9
活性炭	3	5	4
硅胶	2	4	3
膨润土	5	10	7

制备方法　将各组分混合均匀即可。

产品应用　本品主要用作水果保鲜剂。

产品特性　本品成本低，使用方便，保鲜效果好，适用于各类水果的保鲜。

配方 11　控制水果病害的保鲜剂

原料配比

原料	配比（质量份）		
	1#	2#	3#
防腐剂十二烷基二甲基苄基氯化铵	5	6	5
双链季铵盐阳离子表面活性剂	—	4	4
阳离子烷基多糖苷	2	4	—
2,4-二氯苯氧乙酸钠盐	2	3	2.5
乙醇	4	6	5
去离子水	加至 100	加至 100	加至 100

制备方法

（1）制备 A 液：分别按前述质量配比称取双链季铵盐阳离子表面活性剂和阳离子烷基多糖苷，将两者充分混合得 A 液。

（2）制备 B 液：按前述质量配比称取 2,4-二氯苯氧乙酸钠盐，按质量配比加入乙醇初溶，再加去离子水充分溶解，为促进溶解可采用适当加热的方法，待 2,4-二氯苯氧乙酸钠盐完全溶解后得 B 液。

（3）将 A 液和 B 液充分混合，加入防腐剂十二烷基二甲基苄基氯化铵，搅拌均匀，分装，常温保存。

产品应用　本品主要用作水果保鲜剂。

产品特性

（1）本产品对柑橘采后贮藏过程中发生严重的青霉病、绿霉病、蒂腐病、炭疽病以及芒果采后的炭疽病，具有良好的预防和控制效果，且作用持久，可明显抑制柑橘、芒果贮藏过程中的失水现象。加工工艺简单，加工及使用成本低廉，存放和运输安全。柑橘室内贮藏结果表明，经保鲜剂浸果处理后，室温贮藏4个月，好果率为96%，果实色泽鲜艳，果蒂绿色完好。

（2）本产品具有高效、低毒、兼具防腐和保鲜的特点，能较好地防止水分散失，保持果实的色泽和原有风味。

配方 12 水果长效保鲜剂

原料配比

原料	配比（质量份）		
	1#	2#	3#
山梨酸钠	1	5	3
抗坏血酸	5	10	8
过氧乙酸	1	15	10
过氧化钙	5	8	6
石碳酸钠	2	5	3
碘化钾	3	5	4
水	100	100	100

制备方法 将各组分混合均匀即可。

产品应用 本品主要用作水果保鲜剂。

产品特性 本产品保鲜时间长、保鲜作用均匀、使用简单方便。

配方 13 水果防腐保鲜剂

原料配比

原料	配比（质量份）		原料	配比（质量份）	
	1#	2#		1#	2#
特克多	0.1	0.3	多菌灵	0.3	0.7
淀粉	0.3	0.5	维生素C	0.4	0.8
山梨酸钾	0.02	0.04	青鲜素	0.4	0.8
硬脂酸钙	0.5	0.9	水	加至100	加至100

制备方法 将各组分原料混合均匀，溶于水，即为水果防腐保鲜剂。

产品应用 本品主要用作水果的保鲜剂。

使用方法：将水果放在本产品保鲜剂中1～3min即可。

产品特性 本产品配方合理，保鲜效果好，保鲜时间长，生产成本低。

Chapter 02

配方 14　新型果品保鲜剂

原料配比

原料	配比（质量份）	原料		配比（质量份）
植物提取物	75	油酸		1.5
高锰酸钾	4	植物提取物	百部全草	25
糖甘蔗蜡	12		苦楝树皮	40
松香粉	6		花椒籽	35
三乙酸铵	1.5			

制备方法

（1）选料：选用百部全草、苦楝树皮、花椒籽；

（2）备料：将选好的料清洗、粉碎；

（3）煎制：将材料加 1～3 倍水，放入反应釜加温至 100℃ 煎制 5h 以上取汁；

（4）过滤：将工序（3）煎汁用滤布过滤，去掉不溶物；

（5）浓缩：将工序（4）滤液放入容器以 75～90℃ 微火熬制，当相对密度为 1.1 时，得植物提取物；

（6）混料：在植物提取物温度不低于 75℃ 时，加入松香粉、糖甘蔗蜡，搅拌，并加入粉状高锰酸钾；

（7）乳化：将混合物置于乳化机内添加三乙酸铵和油酸乳化即为成品；

（8）灌装：将成品装入容器中密封，入库。

产品应用　本品主要用作新型果品的保鲜剂。

产品特性　本产品原料易得、成本低且无副作用，对人体无害。

配方 15　新型水果保鲜剂

原料配比

原料	配比（质量份）	原料	配比（质量份）
枣基质	5	维生素	10
氨基酸	60	糖	2
硬脂酸	40		

制备方法

（1）以枣子为原料，经捣烂、压榨、过滤、取原汁，成为枣基质；

（2）加糖，枣基质与糖的比例为 5∶2；

（3）在枣基质的基础上加水，枣基质与水的比例为 1∶40，比例大于 1∶40 的仍然有效，只是随着浓度下降保鲜效果也随之下降；

（4）加入氨基酸，枣基质与氨基酸的比例为 1∶12；

（5）加入硬脂酸，枣基质与硬脂酸的比例为 1∶8；

（6）加入维生素，枣基质与维生素的比例为 5∶10；

（7）封装即得本品。

产品应用　本品主要用作新型水果保鲜剂。

本产品的适用范围：新鲜水果采摘后进行保鲜；未经保鲜处理，次日运到批发市场的鲜果进行保鲜；常温运输、冷藏运输前进行保鲜；鲜果上货架前进行保鲜；对各环节鲜果二次反复保鲜处理。

产品特性　本品原料来源于农林植物果实和无毒的工业产品或生物产品，成本低，制造工艺简单，并且制成的保鲜剂无残毒，使用方便且使用寿命较长，可以提高保鲜效果，完全保留了鲜果原有的色泽和香、鲜、甜味。

配方 16　热带水果保鲜剂

原料配比

原料	配比（质量份）		
	1#	2#	3#
改性壳聚糖	6	7	8
精油	0.95	0.35	0.65
黄蜀葵吾叶提取物	1.2	3.2	2.4
乳化剂	0.4	0.1	0.3
淀粉	4	1	5
水	90	85	87

制备方法

（1）将所述改性壳聚糖溶解于醋酸溶液中，形成质量分数为 2% 的改性壳聚糖溶液；向淀粉中加入水，在 80℃ 条件下搅拌糊化，得到质量分数为 2% 的淀粉糊化液。

（2）将所述改性壳聚糖溶液与淀粉糊化液混合，加入配方量的精油、黄蜀葵吾叶提取物、乳化剂及剩余量的水，均质，即得所述热带水果保鲜剂。

原料介绍

所述改性壳聚糖是山梨酸改性壳聚糖。

所述山梨酸改性壳聚糖的制备方法为：

（1）将 5.0g 壳聚糖溶解于 0.1mol/L 的醋酸溶液中，制备成 2% 的壳聚糖溶液；

（2）将 1.0g 山梨酸和 0.2g EDC［1-乙基-3-(3-二甲基氨基丙基)碳二亚胺盐酸盐］溶解于 30mL DMSO（二甲基亚砜）中形成山梨酸活性酯；

（3）将步骤（2）得到的山梨酸活性酯在搅拌条件下逐滴加入步骤（1）的壳聚糖溶液中，在室温条件下反应 24h，然后用 NaOH 调节反应体系 pH 值至 9，用蒸馏水透析 24h 后冷冻干燥得到所述山梨酸改性壳聚糖。

所述精油为百里香精油和/或佛手柑精油。

所述乳化剂为吐温-80、明胶或大豆卵磷脂。

所述淀粉为木薯淀粉、玉米淀粉和小麦淀粉中的一种或多种。

所述黄帚橐吾叶提取物经以下步骤提取得到：将黄帚橐吾叶粉碎，加水煎煮，将收集的滤液浓缩后，调节含醇量为 25%～30%，静置，离心，弃去沉淀，再次调节滤液含醇量为 60%～65%，静置 5～6h，收集沉淀，干燥，得到所述黄帚橐吾叶提取物。

产品应用　本品是一种热带水果保鲜剂。

产品特性

（1）黄帚橐吾为多年生草本植物，现有研究表明，黄帚橐吾不同提取部位、不同提取方式得到的活性物质具有不同的功效，表现出降糖、杀虫等活性。本品对黄帚橐吾叶进行提取，采用特定醇量提取，得到了可作为水果保鲜剂的具有抑菌、保鲜功效的黄帚橐吾叶提取物。

（2）本品用山梨酸对壳聚糖进行改性处理，提升了壳聚糖的防腐效果，同时使得热带水果保鲜剂喷施后的成膜效果更好，显著抑制了果实的呼吸作用及成熟衰老进程。本品对黄帚橐吾叶的有效成分进行了提取，将其加入热带水果保鲜剂中，使得热带水果经长期贮藏后仍具有较低的失水率及色差值，并可抑制细菌繁殖，防止水果发生腐烂。

（3）本品针对热带水果的特性，将热带水果保鲜剂组分进行科学配伍，可显著延长热带水果贮藏期，且组方原料无毒无害，长期贮藏不影响果实品质。

配方 17　新鲜水果保鲜剂

原料配比

原料	配比（质量份）	原料	配比（质量份）
乙烯菌核利	0.5	肉桂酸	4
壳聚糖	2	甲醇钠溶液	3
纳他霉素	2	海藻寡糖	4.5
抗坏血酸	2	迷迭香	3
甘油	1	净水	60
碳酸氢钠	2		

制备方法

(1) 混合工艺：将乙烯菌核利、壳聚糖、纳他霉素、抗坏血酸、甘油、碳酸氢钠、肉桂酸、甲醇钠溶液、海藻寡糖以及迷迭香投入反应釜内进行混合搅拌，并且在反应釜内加入净水进行混合。

(2) 蒸馏工艺：将随净水混合后的材料液体进行蒸馏，经过高温后冷凝得到蒸馏液。

(3) 搅拌工艺：将蒸馏液再次进行搅拌，并且静置后将上层凝结杂质剔除；搅拌温度为 40℃；搅拌时间为 5～10min，其中搅拌过程通过反应釜搅拌，密封真空。

(4) 再加温工艺：将剔除后的蒸馏液进行加温，加热至 80℃后静置，静置至 25～30℃后冷藏。冷藏温度为 2～8℃，密封待用。

产品应用　本品是一种新鲜水果保鲜剂。

使用方法为：清洗—盛装—喷洒—扣膜。

清洗：将表皮无损的水果清洗；

盛装：经过清洗的水果放置在盛装盘上，要求水果枝切除并且水果枝位置朝上；

喷洒：将制备的保鲜剂注入喷壶内对水果表面进行喷淋；

扣膜：将喷淋后的水果包覆保鲜膜，进行存储或者运输。

产品特性　本品通过微量乙烯菌核利、壳聚糖等诸多成分制得一种新鲜水果保鲜剂，有显著的保鲜效果。

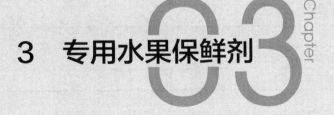

3 专用水果保鲜剂

3.1 橘橙类保鲜剂

配方 1 柑橘保鲜剂

原料配比

原料	配比(质量份)	原料	配比(质量份)
亚硫酸钠	25	活性炭	4
山梨酸	1.5	氧化钙	5
硅胶	2	柠檬酸	3
淀粉	12		

制备方法 将各组分混合均匀即可。

产品应用 本品主要用作柑橘保鲜剂。

产品特性 本产品配方合理,制作成本低廉,使用效果好,具有灭菌和抑制细菌生长的作用,保鲜作用持续时间长。

配方 2 环保柑橘保鲜剂

原料配比

原料	配比(质量份)				
	1#	2#	3#	4#	5#
碳酸氢钠	5~12	5	12	12	5
乙烯利	10~12	10	12	10	12

续表

原料	配比(质量份)				
	1#	2#	3#	4#	5#
甲基托布津	1~2	1	2	2	1
水杨酸	3~7	3	7	3	7
苯甲酸钠	3~5	3	5	5	3
硼砂	10~15	10	10	10	15
山梨酸钠	3~6	3	6	6	3
乙氧基喹啉	1~2	1	1	1	2

制备方法　将全部原料混合,搅拌均匀,即得产品。

产品应用　本品主要用作柑橘保鲜剂。使用时,配制成1%~2%的水溶液,将水果浸入3~5min后,提起沥干存放,即可保鲜30天以上。

产品特性　本产品具有原料易得、成本低、绿色环保、使用方便、效果好等优点。

配方3　柑橘防腐保鲜剂

原料配比

原料		配比(质量份)					
		1#	2#	3#	4#	5#	6#
杀菌剂	醚菌酯	0.4	0.4	—	—	0.4	—
	肟菌酯	—	—	0.4	—	—	—
	烯肟菌酯	—	—	—	0.4	—	—
	唑菌胺酯	—	—	—	—	0.4	0.2
对氯苯氧乙酸		0.2	0.2	0.2	0.2	0.1	0.3
丙酮		1(体积)	1(体积)	1(体积)	1(体积)	1(体积)	2(体积)
吐温-20		2	3	2	2	3	5
壳聚糖		20	20	20	20	10	15
水		1000(体积)	1000(体积)	1000(体积)	1000(体积)	1000(体积)	1000(体积)

制备方法

(1) 按照所述配比关系称取各成分,备用;

(2) 在杀菌剂中加入丙酮溶解;

(3) 将步骤(2)所得的溶液和吐温-20、对氯苯氧乙酸、壳聚糖、水,搅拌混合均匀,即得柑橘防腐保鲜剂。

产品应用　本品主要用于柑橘采收后的防腐保鲜。

保鲜方法:将采收的柑橘鲜果放置24h后,浸入所述柑橘防腐保鲜剂中,浸泡 2～3min，使整个鲜果沾有保鲜剂，捞出晾干，并用保鲜袋对柑橘鲜果进行单个包装并将袋口扎紧，室温储藏。

产品特性 本产品的保鲜方法，处理过程简便，能有效抑制柑橘在贮藏期发生病害，可降低交叉感染的机会，增强柑橘在贮藏期的抗病性，同时减少柑橘失水，最大限度地延长柑橘的贮藏保鲜期；使用本产品对柑橘进行处理，能有效地防止柑橘贮藏期的烂果发生，延长柑橘保质期，提高柑橘品质。另外，本产品在常温下就能进行保鲜，简单、实用、成本低、保鲜效果好，非常适合缺乏冷藏设施的农户小规模贮藏。

配方 4 延长柑橘贮藏期的保鲜剂

原料配比

原料	配比（质量份）	原料	配比（质量份）
百可得（40%可湿性粉）	120	壳聚糖	150
赤霉素（40%可溶性粉）	3	水	加至1000
海藻酸钠	100		

制备方法 先将赤霉素溶于适量水中，再依次加入海藻酸钠和壳聚糖，最后加入百可得，补足余量水分，充分搅拌均匀。

产品应用 本品主要用作柑橘保鲜剂。

使用方法：用本保鲜剂浸泡柑橘果实 5～10min，晾干即可。

产品特性 本产品对柑橘具有较好的保鲜效果，能延长贮藏期和货架期。所用原料安全性高，制备工艺和使用方法简单。

配方 5 低成本柑橘保鲜剂

原料配比

原料	配比（质量份）		原料	配比（质量份）	
	1#	2#		1#	2#
纤维素	2	1	维生素C	0.3	0.1
甲基托布津	0.1	0.2	青鲜素	0.4	0.2
多菌灵	0.07	0.04	水	加至100	加至100
对羟基苯甲酸酯	0.4	0.3			

制备方法 将上述原料按配比混合均匀，溶于水，即为柑橘保鲜剂。

产品应用 本品主要用作柑橘的保鲜剂。

使用方法：将水果放在本产品中 1～2min 即可。

产品特性 本产品配方合理，保鲜效果好，生产成本低。

配方 6　咪鲜胺柑橘保鲜剂

原料配比

原料	配比(质量份)	原料	配比(质量份)
咪鲜胺(50%可湿性粉)	100	壳聚糖	150
柠檬酸	80	水	加至1000
海藻酸钠	90		

　　制备方法　先将柠檬酸溶于水中，再依次加入海藻酸钠和壳聚糖，最后加入咪鲜胺，补足余量水分，充分搅拌均匀。

　　产品应用　本品主要用作柑橘保鲜剂。

　　使用方法：用本保鲜剂浸泡柑橘果实5～10min，晾干即可。

　　产品特性　本产品对柑橘具有较好的保鲜效果，能延长贮藏期和货架期。所用原料安全性高，制备工艺和使用方法简单。

配方 7　多菌灵柑橘保鲜剂

原料配比

原料	配比(质量份)	原料	配比(质量份)
多菌灵(80%可湿性粉)	160	壳聚糖	150
迷迭香酸	8	水	加至1000
海藻酸钠	90		

　　制备方法　先将迷迭香酸溶于水中，再依次加入海藻酸钠和壳聚糖，最后加入多菌灵，补足余量水分，充分搅拌均匀。

　　产品应用　本品主要用作柑橘保鲜剂。

　　使用方法：用本保鲜剂浸泡柑橘果实5～10min，晾干即可。

　　产品特性　本产品对柑橘具有较好的保鲜效果，能延长贮藏期和货架期。所用原料安全性高，制备工艺和使用方法简单。

配方 8　柑橘复合保鲜剂（一）

原料配比

原料	配比(质量份)		
	1#	2#	3#
聚六亚甲基双胍盐酸盐	25	35	40
2-苯基苯酚钠盐	20	15	10

续表

原料	配比(质量份)		
	1#	2#	3#
聚乙二醇	3	4	5
丙二醇	7	5	4
吐温-80	6	8	5
山梨糖醇	2	5.7	5
水	加至 100	加至 100	加至 100

制备方法

(1) 聚六亚甲基双胍盐酸盐溶液的制备：搅拌器中加适量水，加热至 $80\sim100℃$，按比例加入聚六亚甲基双胍盐酸盐，搅拌，温度保持在 80℃ 以上，搅拌过程中按比例加入聚乙二醇，助溶解，搅拌 1.5h，降温，按比例加入丙二醇，乳化分散，得聚六亚甲基双胍盐酸盐溶液；

(2) 2-苯基苯酚钠盐溶液的制备：另取容器，按比例加入 2-苯基苯酚钠盐，加适量水，持续搅拌 0.5h，充分溶解，得 2-苯基苯酚钠盐溶液；

(3) 柑橘复合保鲜剂的制备：在搅拌条件下，将步骤（2）所得 2-苯基苯酚钠盐溶液加入步骤（1）所得聚六亚甲基双胍盐酸盐溶液中，充分搅拌后，按比例加入吐温-80，乳化，分散，得混合液，最后按比例加入山梨糖醇，并补足余量水，混合搅拌，得柑橘复合保鲜剂。

产品应用 本品主要用作柑橘复合保鲜剂。可用于采后柑橘青霉病、酸腐病、蒂腐病、炭疽病、黑腐病等贮藏主要病害的防治，对酸腐病效果佳。

所述柑橘复合保鲜剂可通过果实浸泡或果面喷雾来达到保鲜的目的。

产品特性 本产品所用原料都为药用、食品用级，不同于传统的保鲜杀菌剂原料，可确保食品安全、对环境无害。将采收后的鲜果浸泡于已稀释的柑橘复合保鲜剂中 $1\sim3$min，或直接向果实果面喷雾，直至果面完全湿润，能直接快速清除果实表面所带各种病菌，起到洗果作用，并能很好地抑制果实组织中的病菌，特别是酸腐病菌，降低贮藏期内的发病腐烂率，保证贮藏期内柑橘的营养、风味品质，延长果实的贮藏期和货架期，减少腐烂损失。

配方 9 柑橘类水果保鲜剂

原料配比

原料	配比(质量份)		
	1#	2#	3#
蔗糖酯	4	3	5
谷氨酸钠	1.2	1.4	1

原料	配比(质量份)		
	1#	2#	3#
柠檬酸	1.1	1.2	0.8
醋酸钠	0.4	0.5	0.3
高锰酸钾	0.02	0.03	0.02
氯化钠	0.02	0.03	0.02
水	172	170	175

制备方法 将配方量的蔗糖酯、柠檬酸和水混合，搅拌 10～15min，使之充分混合，再加热至 45～50℃，加入配方量的谷氨酸钠、醋酸钠、氯化钠，搅拌 8～12min，冷却至室温后加入配方量的高锰酸钾，搅拌均匀。

产品应用 本品主要用作柑橘类水果保鲜剂。

使用方法：将柑橘类水果放入本保鲜剂中，静置 3～5min 取出。

产品特性 本产品制备方法简单、配方合理、成本低廉、使用时操作方便、效果均匀、保鲜效果好。

配方 10　柑橘漂白紫胶保鲜剂

原料配比

原料		配比(质量份)		
		1#	2#	3#
漂白紫胶水溶液	漂白紫胶	48	48	48
	丙二醇	24	24	24
	油酸	12.92	12.92	12.92
	氢氧化钠溶液	适量	适量	适量
	水	加至 100	加至 100	加至 100
漂白紫胶水溶液		10.0	40.0	20.0
氧化硅纳米材料		2.0	1.1	1.5
丁香提取物		2.0	13.0	6.5
桂皮提取物		13.0	2.0	6.5
厚朴提取物		2.0	13.0	6.5
大蒜提取物		13.0	2.0	6.5
赤霉素		0.005	0.02	0.01
水		加至 100	加至 100	加至 100

制备方法 先在氧化硅纳米材料中加入适量水，高速搅拌 10min，加入漂白

紫胶水溶液，充分混合均匀；用少量乙醇溶解赤霉素后，加入漂白紫胶水溶液中，充分混合均匀，再加入丁香提取物、桂皮提取物、厚朴提取物、大蒜提取物及水，混合均匀，即得柑橘漂白紫胶保鲜剂。

所述漂白紫胶水溶液按下列方法制备：先将丙二醇加热至110℃，加入漂白紫胶搅拌至其全部溶化，温度降至100℃时，加入油酸混合均匀，温度降至70～80℃时，用浓度为1%～3%的氢氧化钠溶液调节漂白紫胶水溶液pH值至7.5～8，然后加入余量水混合，即制得漂白紫胶含量为48%的漂白紫胶水溶液。

所述丁香提取物、桂皮提取物、厚朴提取物及大蒜提取物均通过下列现有技术的常规方法进行制备：将植物材料丁香、桂皮、厚朴、大蒜分别经①原料粉碎，并过20目筛；②在粉碎的原料中加水或乙醇浸泡1h；③乙醇浸泡后用超声波提取30min，或者水浸泡后，加热回流提取30min；④对提取液进行真空抽滤，重复提取3次，合并滤液，进行真空浓缩，即可。

产品应用 本品主要用作柑橘保鲜剂。

产品特性 本产品天然，无毒性残留，不会对人体健康造成伤害，也不会造成环境污染，涂覆在柑橘果实表面后，不仅能有效抑制果实腐烂，而且增加了果实表面的光亮度，使柑橘在常温、不需要任何冷藏设备的条件下贮藏90天，商品率达90%，失水率≤13%，风味口感基本保持不变。漂白紫胶在果实表面形成的膜改善了果实的外观，提高了商品价值。本产品成本低廉，简单实用，具有较高的使用价值。

配方 11 高效芦柑保鲜剂

原料配比

原料	配比（质量份）	原料	配比（质量份）
大蒜素	0.3	葡萄糖	3
茶多酚	1.2	柠檬酸	2
壳聚糖	3	水	90.2
纳他霉素	0.3		

制备方法 按配方分别称取大蒜素、茶多酚、壳聚糖、纳他霉素、葡萄糖、柠檬酸，与水进行混合，即得到高效芦柑保鲜剂。

产品应用 本品主要用作芦柑保鲜剂。

使用方法：将新采芦柑浸泡于保鲜剂中3～5min，捞起，沥干，用塑料薄膜单果包装，入库贮藏（贮藏场所是果农简易的保鲜库）。

产品特性

（1）本产品安全、无毒，各组分间协同性好，广谱抑菌杀菌性能好。

（2）本保鲜剂能更好地防止水分散发。

（3）本产品可有效防止芦柑炭疽病、青霉病、绿霉病、蒂腐病、黑腐病、酸腐病以及其他病害和生理性病害等。

配方 12　锦橙高效复合留树保鲜剂

原料配比

原料	配比（质量份）			
	1#	2#	3#	4#
2,4-二氯苯氧乙酸钠	1.2	1.50	0.7	2.0
碳酸氢钠	0.60	0.72	0.3	1.0
复合氨基酸粉	33.75	35.63	28	40
硼酸	20.61	22.33	15	26
硫酸锌	7.91	9.23	4	12
硫酸亚铁铵	12.65	14.76	7	18
硫酸钾	23.28	15.84	6	40

制备方法

（1）按质量份称取各组分；

（2）将 2,4-二氯苯氧乙酸钠和碳酸氢钠按质量份进行预混合；

（3）将复合氨基酸粉、硼酸、硫酸锌、硫酸亚铁铵、硫酸钾按质量份进行预混合；

（4）将步骤（2）和（3）所得的混合物进行二次混合；

（5）将步骤（4）所得的混合物在烘箱中 $50\sim60℃$ 条件下烘干，使混合物的含水量≤5%，粉碎，过筛，经检验、包装，即得锦橙高效复合留树保鲜剂成品。

产品应用　本品主要用作锦橙的保鲜剂。

使用方法：将锦橙高效复合留树保鲜剂稀释 600 倍，于锦橙果实转色期（11月上旬）、成熟期（12月上旬）和低温来临前（1月上旬）晴天各喷施一次，以果实为重点，全株喷施。

产品特性

（1）冬季落果率低：使用本产品可防止锦橙留树保鲜期间冬季落果，累计落果率低于 8%。

（2）保鲜效果好：果实留树保鲜 3 个月后果面颜色橙红，无褪色现象；果皮光亮富有弹性，无皱缩现象；果实固形物含量提高 2%～3%，果酸含量下降 50%～70%。

（3）果品质量安全：本产品根据植物生长调节剂与营养元素协同增效原理，

由植物生长调节剂和多种植物营养元素复配优化而成，留树保鲜后果品无激素残留。

（4）制备工艺简单：本品成本低，制备工艺简单，操作安全，耗能少，对环境无污染，产品为可溶性粉剂，运输贮存方便，保质期长。

配方 13　砂糖橘复合保鲜剂

原料配比

原料		配比（质量份）						
		1#	2#	3#	4#	5#	6#	7#
被膜剂	羊毛脂	4	—	—	3	—	2	—
	壳聚糖	—	20	—	—	15	—	—
	虫胶	—	—	40	—	—	—	30
表面活性剂	蔗糖脂肪酸酯	0.4	—	0.5	0.3	—	0.2	0.5
	烷基磺酸钠	—	0.5	—	—	0.5	—	—
防腐剂	施保克	0.5	0.75	0.75	—	0.5	—	0.5
	特克多	—	—	—	—	—	—	0.5
	扑海因	0.5	—	—	—	—	—	0.5
	氟咯菌腈	—	—	0.75	0.5	—	0.5	—
	嘧菌酯	—	—	—	0.5	0.5	0.5	—
	嘧霉胺	—	0.75	—	—	—	0.5	—
增效剂	松叶精油	—	0.2	—	—	0.2	0.2	0.2
	胺鲜酯	0.5	—	0.2	0.2	—	—	—
水		加至1000	加至1000	加至1000	加至1000	加至1000	加至1000	加至1000

制备方法　将被膜剂、表面活性剂和总量80%的水一起加热搅拌至沸腾，然后混合并搅拌至匀质，再加入防腐剂、增效剂和余量的水，最后搅拌均匀得到产物。

原料介绍

所述施保克即 N-丙基-N-[2-(2,4,6-三氯苯氧基)乙基]-咪唑-1-甲酰胺，扑海因即 3-(3,5-二氯苯基)-1-异丙基氨基甲酰基乙内酰脲，嘧霉胺即 N-(4,6-二甲基嘧啶-2-基)苯胺，氟咯菌腈即 4-(2,2-二氟-1,3-苯并二氧-4-基)吡咯-3-腈，嘧菌酯即 (E)-2-{2-[6-(2-氰基苯氧基)嘧啶-4-基氧]苯基}-3-甲氧基丙烯酸甲酯，特克多即 2-(噻唑-4-基)苯并咪唑。

产品应用　本品主要用作砂糖橘的保鲜剂。

产品特性　用本产品处理过的砂糖橘在贮藏及运送过程中都不易腐烂，果蒂和叶片基本不脱落，叶片保持青绿，好果率在95%以上，而且砂糖橘的维生素

C 含量、可滴定酸含量和可溶性固形物含量均没有明显降低，因而本产品可大大提高砂糖橘的经济价值。

配方 14　砂糖橘涂膜保鲜剂

原料配比

原料	配比(质量份)		
	1#	2#	3#
壳聚糖(平均分子量 20 万～30 万)	30	40	50
单硬脂酸甘油酯	2	3	5
茶皂素	0.002	0.004	0.003
1-甲基环丙烯	0.02	0.01	0.015
氢氧化铜	0.3	0.4	0.5
水	加至 1000	加至 1000	加至 1000

制备方法　先将壳聚糖加入水中，加热至 40～50℃，再加入单硬脂酸甘油酯，搅拌得到乳液，再向乳液中加入茶皂素、1-甲基环丙烯和氢氧化铜。

产品应用　本品主要用作砂糖橘的保鲜剂。使用时，将砂糖橘涂膜保鲜剂喷涂在砂糖橘上，晾干，在砂糖橘表面得到一层薄膜，即可。

产品特性　本产品使用方便，成本低，可以避免冷藏保鲜时产生耐冷致病菌，在砂糖橘表面形成的薄膜可抑制砂糖橘的呼吸和表面病菌的生长，防止腐烂，100 天后的坏果率小于 2%、失水率小于 10%，可保持口味新鲜。该涂膜保鲜剂稳定性好，可存放半年不变质，形成的薄膜附着力强。

配方 15　砂糖橘保鲜剂（一）

原料配比

原料	配比(质量份)			
	1#	2#	3#	4#
桔梗多糖	11	3	20	20
抑霉唑	11	21	4	2
烷基酚聚氧乙烯醚	3	—	—	—
苯乙烯基苯酚聚氧乙烯醚	—	3	—	—
脂肪醇聚氧乙烯醚	—	—	3	—
木质素磺酸盐	—	—	—	3
十二烷基苯磺酸钙	2.5	—	—	2.5
十二烷基硫酸钠	—	3	3	—

续表

原料	配比(质量份)			
	1#	2#	3#	4#
黄原胶	0.4	—	—	0.4
阿拉伯胶	—	0.5	0.5	—
乙二醇	3	—	—	3
丙二醇	—	3	—	—
尿素	—	—	—	3
甲苯	18	—	20	18
二甲苯	—	20	—	—
水	加至100	加至100	加至100	加至100

制备方法 将各组分原料混合均匀即可。

产品应用 本品主要用作砂糖橘的保鲜剂。

使用方法：本品按有效成分用药量为 $200\sim500mg/kg$。将新鲜采收的砂糖橘放入配好的保鲜液中浸泡 $1\sim3min$，取出，自然晾干后，储藏保存即可。

产品特性

(1) 桔梗多糖和抑霉唑协同增效，相互混用能减少单一成分的用量，协同抑菌作用能有效降低砂糖橘采后病菌的侵染，有效延长砂糖橘保鲜期。

(2) 本品原材料丰富易得、成本低、安全，符合果蔬保鲜的绿色环保要求。

(3) 本产品明显优于单纯使用桔梗多糖或抑霉唑的保鲜效果。本复配制剂的防效与单剂相比具有极显著差异，可有效延长砂糖橘的贮存时间。

配方 16 砂糖橘专用涂抹保鲜剂

原料配比

原料	配比(质量份)		原料	配比(质量份)	
	1#	2#		1#	2#
聚赖氨酸	1	6	丁基羟基茴香醚	4	10
蔗糖酯	1	6	大蒜	4	10
苯甲酸	3	10	水	65	85

制备方法

(1) 按照以下质量份称取原料：聚赖氨酸 $1\sim6$ 份、蔗糖酯 $1\sim6$ 份、苯甲酸 $3\sim10$ 份、丁基羟基茴香醚 $4\sim10$ 份、大蒜 $4\sim10$ 份、水 $65\sim85$ 份，混合搅拌均匀，形成保鲜剂初步混合液；

(2) 将所得混合液加热到 $110\sim130℃$，加热 $16\sim19h$；

（3）待加热后的混合液冷却至常温，取出滤液，用瓶封装，保鲜剂制备完成。

产品应用 本品主要是一种砂糖橘专用涂抹保鲜剂。

产品特性 本品中聚赖氨酸具有杀菌抑菌作用，热稳定性和防腐性良好，同时丁基羟基茴香醚具有抗菌消炎的作用，苯甲酸不会在体内停留，可排出体外，且价格低廉。本砂糖橘专用涂抹保鲜剂具有制备简单、储藏效果好、实惠的优点。

配方 17　砂糖橘专用植物提取物复合保鲜剂

原料配比

原料		配比（质量份）		
		1#	2#	3#
植物提取物复合物		3	10	6
增效剂	维生素 C	0.5	—	—
	维生素 C、菜油甾醇、维生素 B_2、橄榄油的混合物	—	1.5	—
	维生素 C 和维生素 B_2 的混合物	—	—	0.8
溶剂	乙醇	0.5	—	—
	乙醇、丙酮、丁醇、乙酸乙酯的混合物	—	1.5	—
	乙醇和丙酮的混合物	—	—	0.8
助剂	吐温-80	0.3	—	—
	吐温-80、吐温-60、吐温-40 的混合物	—	0.5	—
	吐温-80 和吐温-60 的混合物	—	—	0.4
水		50	80	60
植物提取物复合物	藤婆茶提取物	3	3	3
	金银花提取物	2	2	2
	杨梅树叶提取物	2	2	2
	紫茎泽兰叶提取物	1	1	1

制备方法

（1）按要求分别称取所需质量份数的原料组分；

（2）将所称得的原料组分按比例充分混合搅拌，得到所需的复合保鲜剂。

原料介绍

所述植物提取物复合物为藤婆茶提取物、金银花提取物、杨梅树叶提取物、紫茎泽兰叶提取物的混合物；其中它们之间的最佳质量配比为 3:2:2:1。

所述增效剂为维生素 C、菜油甾醇、维生素 B_2、橄榄油中一种或几种的混合物。

所述溶剂为乙醇、丙酮、丁醇、乙酸乙酯中的一种或几种的混合物。

所述助剂为吐温-80、吐温-60、吐温-40 中的一种或几种的混合物。

所述植物提取物复合物中的成分藤婆茶提取物、金银花提取物、杨梅树叶提取物、紫茎泽兰叶提取物可以采用乙醇浸泡提取、减压蒸馏回收溶剂的方法制备。

产品应用　本品主要是一种砂糖橘专用植物提取物复合保鲜剂。

产品特性

（1）本品属于纯天然产品，对环境无污染，不影响砂糖橘风味，生产工艺简单，流程短；溶剂可以回收重复使用，大大降低了生产成本，易产业化，经济效益高。

（2）本品所选用的原料安全无毒副作用，且各成分在抑菌效果上具有协同作用，能够有效抑制各类型腐败的细菌和真菌，同时对细菌孢子也具有良好的抑制作用，能够有效提高砂糖橘的防腐保鲜效果，延长砂糖橘的存储期。

配方 18　砂糖橘保鲜剂（二）

原料配比

原料	配比（质量份）		
	1#	2#	3#
荔枝核精油	30	50	40
橘皮精油	15	20	17
柑橘籽精油	15	18	17
柚子皮精油	7	15	10
艾草提取物	5	10	7
壳聚糖	5	10	7
卡拉胶	20	25	22
海藻酸钠	5	10	7
凡士林	适量	适量	适量
水	适量	适量	适量

制备方法

（1）按所述质量比称取各原料，将荔枝核精油、橘皮精油、柑橘籽精油、柚子皮精油和艾草提取物进行混合，加热到 90～100℃得到乳状混合物；

（2）将壳聚糖、卡拉胶和海藻酸钠进行混合，并依次加入混合物质量 20～25 倍的水中得到混合液，将混合液在 90～100℃的条件下恒温加热，然后加入步骤（1）的乳状混合物，再加入混合物质量 1/6～1/4 的凡士林进行浓缩，制备成密度为 2.54～3.62kg/m³ 的浸膏，得到所述砂糖橘保鲜剂。

原料介绍

所述荔枝核精油的制备方法为：将含水率为 5％～7％ 的荔枝核进行粉碎，过 100～150 目筛网进行筛选，得到荔枝核粉末并在 -30～-25℃ 的条件下进行急冻，之后在温度为 120～125℃ 的恒温箱中进行烘干，直至荔枝核粉末的含水率为 3％～5％。冷却到室温后，将荔枝核粉末放在微波炉中进行微波处理；所述微波处理的频率为 2040MHz，功率为 500W。提取总时长为 110s。微波处理后，将荔枝核粉末与体积分数为 80％～90％ 的乙醇按照质量比为 1:（2～4）进行混合，搅拌均匀后将混合物放入回流提取器中进行回流提取，提取时间为 23～25h，提取温度为 105～115℃，收集提取液，静置分离上层液得到所述荔枝核精油。

所述橘皮精油的制备方法为：将含水率为 3％～7％ 的橘皮进行粉碎，过 80～100 目筛网进行筛选，得到橘皮粉末并将粉末均分成两份，其中一份橘皮粉末与体积分数为 20％～25％ 的丁醇溶液按照质量比为 1:（3～5）进行混合，并放入回流提取器中进行回流提取，提取时间为 18～22h，提取温度为 90～105℃，过滤取滤液进行旋转蒸发浓缩、干燥，直至得到含水率为 3％～5％ 的粉末，即得橘皮提取物Ⅰ；另一份橘皮粉末与体积分数为 70％～85％ 的乙醇溶液按质量比为 1:（3～5）进行混合，并放入回流提取器中进行回流提取，提取时间为 22～24h，提取温度为 115～125℃，收集提取液，静置分离上层液得到橘皮提取物Ⅱ。将橘皮提取物Ⅰ与橘皮提取物Ⅱ进行混合，得到所述橘皮精油。

所述柑橘籽精油的制备方法为：将含水率为 3％～7％ 的柑橘籽进行粉碎，过 100～150 目筛网进行筛选，得到柑橘籽粉末，并将柑橘籽粉末在温度为 -7～-2℃ 的条件下进行冷冻，之后在温度为 110～115℃ 的条件下进行烘干，直至含水率为 3％～5％。冷却到室温后，将柑橘籽粉末均分成两份。其中一份柑橘籽粉末与石油醚按照质量比为 1:（4～6）进行混合，并放入超声提取器中进行超声提取，所述超声处理的超声功率密度为 300～400W/L；超声处理温度为 120～140℃；超声处理时间为 300～400s，超声处理后按照上述超声处理方式进行重复处理，超声处理的总时长为 270～300s，超声处理后将混合物放入回流提取器中进行回流提取，提取时间为 20～24h，提取温度为 125～135℃，收集提取液，静置分离上层液得到柑橘籽提取物Ⅰ；另一份柑橘籽粉末与体积分数为 80％～90％ 的乙醇溶液按照质量比为 1:（2～4）进行混合，并将混合物放入回流提取器中进行回流提取，提取时间为 18～20h，提取温度为 105～115℃，过滤取滤液进行旋转蒸发浓缩、干燥，直至得到含水率为 3％～7％ 的粉末，即得柑橘籽提取物Ⅱ，将柑橘籽提取物Ⅰ与柑橘籽提取物Ⅱ混合得到所述柑橘籽精油。

所述柚子皮精油的制备方法为：将含水率为 5%～7% 的柚子皮进行粉碎，过 100～150 目筛网进行筛选，并将柚子皮粉末与生物酶混合液按照（50～55）：1 的质量比添加质量分数为 5% 的生物酶混合液，混合静置 20～24h 后得到酶解后的柚子皮粉末。将酶解后的柚子皮粉末均分为两份。其中一份柚子皮粉末与体积分数为 20%～30% 的醋酸乙酯溶液按照质量比为 1：（2～4）进行混合，并将混合物放入回流提取器中进行回流提取，提取时间为 18～20h，提取温度为 115～125℃，过滤取滤液进行旋转蒸发浓缩、干燥，直至得到含水率为 3%～7% 的粉末，即得柚子皮提取物Ⅰ；另一份柚子皮粉末与体积分数为 90%～95% 的乙醇溶液按照质量比为 1：（3～5）进行混合，并将混合物放入回流提取器中进行回流提取，提取时间为 20～24h，提取温度为 115～125℃，收集提取液，静置分离上层液得到柚子皮提取物Ⅱ；将柚子皮提取物Ⅰ与柚子皮提取物Ⅱ混合得到所述柚子皮精油。

所述生物酶混合液由如下质量份的原料制成：20～30 份的果胶酶、15～25 份的纤维素酶、50～60 份的质量分数为 3% 的氯化钠溶液和 300～350 份质量分数为 3% 的氢氧化钠溶液；所述果胶酶的酶活力为 800～1000U/g；所述纤维素酶的酶活力为 1200～1500U/g。

所述艾草提取物的制备方法为：将新鲜艾草整株捣碎，然后与体积分数为 10%～20% 的乙二醇溶液按照质量比为 1：（3～5）的比例进行混合，然后放入微波提取器中进行微波处理；所述微波处理的频率为 2500MHz，功率为 1000W，提取总时长为 180s，过滤去除滤渣，将滤液进行浓缩，直至浓缩液为原液的 1/15～1/10，即得所述艾草提取物。

产品应用 本品主要是一种砂糖橘保鲜剂。

产品特性 本品能有效提高砂糖橘的保鲜能力，同时还不会造成有害物质的残留，是一种安全、有效的砂糖橘保鲜剂。

配方 19　砂糖橘专用保鲜剂

原料配比

原料	配比(质量份)		
	1#	2#	3#
桂枝	30	40	50
犁头草	15	20	25
枇杷叶	15	20	25
千里光	10	15	20
芒果叶	10	15	20

原料	配比（质量份）		
	1#	2#	3#
金银花	5	10	15
苦楝子	5	10	15
鱼腥草	5	10	15
茵陈	10	15	20
仙人掌	20	30	40
水	适量	适量	适量

制备方法

（1）按质量份称取桂枝、犁头草、枇杷叶、千里光、芒果叶、金银花、苦楝子、鱼腥草、茵陈，粉碎，过 100～300 目筛，再加入原料总质量 15～20 倍的水，浸泡 60～120min 后加热煎煮 30～60min，过滤，滤渣再加入原料总质量 10～15 倍的水，加热煎煮 20～30min，过滤，合并两次滤液，得煎煮液。

（2）将新摘取的仙人掌进行消毒、漂洗后，用压榨机榨取汁液，过滤，由高温瞬时灭菌机进行灭菌，得仙人掌汁；将仙人掌保持在 100mg/L 的次氯酸钠液面以下进行消毒，消毒时间为 20～30min。

（3）将煎煮液与仙人掌汁混合，搅匀，储存于 2～8℃环境下，即得所述保鲜剂。

原料介绍

所述的桂枝为樟科植物肉桂的干燥嫩枝。桂枝含桂枝皮醛、桂皮酸等挥发油，还含有酚类、有机酸、苷类、香豆精等成分。

所述的仙人掌为仙人掌科植物仙人掌的全株。仙人掌含三萜、苹果酸、琥珀酸、黏液质。灰分中含 24% 碳酸钾。

产品应用　本品主要是一种砂糖橘专用保鲜剂。

产品特性　本品以具有杀菌、防腐作用的中药提取清液作为杀菌兼防腐剂，以仙人掌汁液作为成膜物质和护色剂，安全可靠、无毒环保，不仅能减少砂糖橘营养成分的流失，还能使砂糖橘保持较好的色泽，可明显延长砂糖橘的保鲜期。

配方 20　柑橘复合保鲜剂（二）

原料配比

原料	配比（质量份）		
	1#	2#	3#
蔗糖酯	8	12	16
海藻糖	5	7	10

续表

原料		配比（质量份）		
		1#	2#	3#
乳酸链球菌素		4	7	9
纳他霉素		6	9	12
干酪素		3	6	8
增效剂		3	6	9
中药提取物		6	9	12
无菌水		100	125	150
中药提取物	虱子草	8	12	16
	花椒叶	8	12	16
	丁香	6	9	12
	天麻	6	9	12
	生姜	5	7	10
	白芍	5	7	10
	苦参	3	6	8

制备方法 在搅拌器中加入无菌水，加热至70～90℃，将蔗糖酯、海藻糖、乳酸链球菌素、纳他霉素和干酪素依次加入无菌水中，持续搅拌20～30min，保持温度为70℃以上，接着加入中药提取物，搅拌10～15min，降温至60～68℃，再加入增效剂，搅拌直至混合均匀，然后放置于3～5℃的环境下冷藏，待用。

原料介绍 所述增效剂为维生素C、菜油甾醇、B族维生素、橄榄油中的一种或几种的任意组合。

所述中药提取物通过以下方法得到：将花椒叶、虱子草、丁香、天麻、生姜、白芍和苦参粉碎，按料液比为（1～2）g∶30mL的比例加入浓度50%的甲醇作为提取剂，在室温下振荡，分离上清液，并将上清液浓缩干燥后获得浸膏，将浸膏分散于纯化水中，料液比为（1～2）g∶43mL。然后加入正己烷振荡萃取，收集水相萃取物；再在水相萃取物中加入氯仿，振荡萃取，收集水相萃取物，取水相萃取物浓缩至室温下相对密度为1.15～1.25，即可得到中药提取物。

产品应用 本品主要是一种柑橘复合保鲜剂。

产品特性 本品所用原料均为药用、食品用级，可确保食品安全，对环境无害，并且在该保鲜剂制备过程中均不会产生有害物质，从原料到生产均达到了安全环保。

配方 21　柑橘用复合保鲜剂

原料配比

原料		配比(质量份)		
		1#	2#	3#
蔗糖酯		8	12	16
柠檬酸		5	7	10
羧甲基纤维素		2	4	6
乳酸链球菌素		4	7	9
干酪素		3	6	8
海藻酸钠		3	6	8
橄榄油		3	7	9
中药多糖		6	9	12
活性多肽		0.5	1	1.5
无菌水		120	150	180
中药多糖	艾草	6	9	12
	柚子皮	5	7	10
	黄药子	5	7	10
	苍术	4	7	9
	天麻	4	7	9
	香茅草	3	6	8
	干姜	3	6	8

制备方法　在搅拌器中加入无菌水，加热至 70～90℃，将蔗糖酯、柠檬酸、羧甲基纤维素、乳酸链球菌素、干酪素、海藻酸钠和橄榄油依次加入无菌水中，持续搅拌 20～30min，保持温度在 70℃以上，接着加入中药多糖，搅拌 10～15min，降温至 60～68℃，再加入活性多肽搅拌直至混合均匀，然后放置于 3～5℃的环境下冷藏，待用。

所进中药多糖通过以下方法得到：

（1）将艾草、柚子皮、黄药子、苍术、天麻、香茅草和干姜粉碎，得到中药粉，将中药粉用乙醇超声提取脱脂，过滤；

（2）将滤液浓缩干燥后获得浸膏，将浸膏分散于纯化水中，料液比为（1～2)g∶43mL。然后加入正己烷振荡萃取，收集水相萃取物；

（3）将水相萃取物减压浓缩，加入乙醇调节溶液至含醇量为 75%～85%，放置 8～12h，得絮状沉淀；

（4）滤出沉淀，依次用95％以上乙醇、乙醚反复洗涤后，真空干燥下恒重即得中药多糖。

所述的乙醇超声提取是在中药粉中加入料液比为（4～9）g：2mL，且浓度为75％～95％的乙醇超声提取2～6h。

产品应用　本品主要是一种柑橘用复合保鲜剂。

采用上述保鲜剂进行处理，具体包括以下步骤。

（1）原料初选、预处理：将无干枯、无损伤、无病害的柑橘置于超声波清洗槽中进行清洗处理，然后浸入0.1％的次氯酸钠溶液中消毒1～2min，取出后用无菌水将果实表面的次氯酸钠清洗，并晾干；

（2）浸泡：将柑橘放入上述配制好的柑橘用复合保鲜剂中，浸泡20～30s，捞出晾干；

（3）晾干储藏：将经过步骤（2）处理后的果实置于通风库房中预贮，预贮2～3天，然后用含有纳米二氧化钛和无机纳米抗菌剂的保鲜袋包装即可。

产品特性

（1）本品原料均为药用、食品用级，可确保食品安全，对环境无害。

（2）采用本品保鲜，首先严格筛选优质柑橘进行保鲜，从源头去除柑橘表面携带的致病菌，接着浸泡保鲜剂，再包装于含有纳米二氧化钛和无机纳米抗菌剂的保鲜袋中，形成一层隔膜，能够阻隔空气，从而减少氧气的接触量，降低呼吸作用，膜与柑橘表面的微环境中由于氧气不断被消耗，CO_2含量不断增加，形成一种低氧高CO_2环境，降低氧化，因此使用本保鲜剂可以长期保持柑橘的光泽。

配方 22　高效低毒的柑橘保鲜剂

原料配比

原料		配比（质量份）				
		1#	2#	3#	4#	5#
抑霉唑粉		16.5	14.2	18.7	18.7	14.2
咪鲜胺粉		16.5	18.3	14.5	18.3	14.5
山梨醇酐单硬脂酸酯		3.0	2.3	3.7	3.7	3.3
酪蛋白酸钠		4.0	4.7	3.2	3.7	3.2
溶剂	植物油	60	60.5	—	—	64.8
	乙醇	—	—	59.9	55.6	—

制备方法　将各组分原料混合均匀即可。

产品应用　本品主要是一种高效低毒的柑橘保鲜剂。

产品特性 本品通过合理搭配抑霉唑和咪鲜胺，充分发挥了两种有效成分之间的增效作用，对柑橘青霉病、绿霉病和炭疽病的抑制效果好，从而减少了用药量和使用次数，减少了保鲜剂对环境的污染。使用方便，省工省时，也节约了成本。本品高效低毒，对柑橘的贮藏保鲜效果稳定且优异，能较好地保持果实肉质和风味。

配方 23　椪柑保鲜剂

原料配比

原料		配比（质量份）								
		1#	2#	3#	4#	5#	6#	7#	8#	9#
防腐剂	苯甲酸钠	3	1	5	5	2	—	—	—	—
	山梨酸钾	—	—	—	—	—	1	—	—	—
	羟基苯甲酸乙酯	—	—	—	—	—	—	5	—	—
	苯甲酸	—	—	—	—	—	—	—	5	—
	山梨酸	—	—	—	—	—	—	—	—	1
保湿剂	甘油	3	1	5	5	2	—	—	5	5
	丙二醇	—	—	—	—	—	2	—	—	—
	山梨醇	—	—	—	—	—	—	3	—	—
抗氧化剂	二丁基羟基甲苯	3	1	5	5	1	—	—	—	—
	茶多酚	—	—	—	—	—	2	—	—	—
	生育酚	—	—	—	—	—	—	2	—	—
	叔丁基对苯二酚	—	—	—	—	—	—	—	—	4
	丁基羟基茴香醚	—	—	—	—	—	—	—	5	—
苹果酸		10	15	5	5	5	10	10	5	15
甲基纤维素		10	5	15	10	5	10	10	5	15
水		71	77	65	60	85	75	70	75	60

制备方法

（1）将苹果酸加入水中，搅拌溶解，加热至 50～70℃，边搅拌边加入甲基纤维素，加完后恒温，搅拌至甲基纤维素完全溶解。

（2）将上述溶液温度降至 40℃，加入抗氧化剂、保湿剂、防腐剂，搅拌分散，剪切 10～20min，剪切速度在 10000～20000r/min。

产品应用 本品主要是一种椪柑保鲜剂。

产品特性

（1）本品组成成分简单，生产工艺简单可控，适于产业化和规模化。

（2）本品在保鲜方面具有显著效果。

配方 24　脐橙保鲜剂

原料配比

原料	配比（质量份）		
	1#	2#	3#
壳聚糖	5	10	7.5
壳寡糖	15	25	20
冰醋酸	10	30	15
甘油	1	5	2.5
NaCl	0.1	0.5	0.25
水	加至 100	加至 100	加至 100

制备方法

（1）配制质量分数为 10％～30％的醋酸溶液；

（2）在步骤（1）所述的醋酸溶液中加入壳聚糖，60～70℃水浴加热至完全溶解，控制壳聚糖的质量分数为 5％～10％；

（3）在上述步骤（2）所述的溶液中加入壳寡糖，30～40℃水浴加热至完全溶解，控制壳寡糖的质量分数为 15％～25％；

（4）在上述步骤（3）所述的溶液中加入 NaCl，30～40℃水浴加热至完全溶解，控制 NaCl 的质量分数为 0.1％～0.5％；

（5）在上述步骤（4）所述的溶液中加入甘油，20～30℃水浴加热至完全溶解，控制甘油的质量分数为 1％～5％。

产品应用　本品主要是一种脐橙保鲜剂。

使用方法：将刚采摘的脐橙浸入清水中浸泡 10～20s，烘干后，将脐橙浸入上述步骤（5）所述的溶液中 20～30s，捞出脐橙至脐橙表面无成股液体滴下，25～30℃条件下，烘干 10～20min。

产品特性

（1）本保鲜剂的主要成分含有抑菌成分，可以抑制导致脐橙腐败的微生物的生长，因此可以显著延长脐橙的保鲜时间；

（2）本保鲜剂采用天然成分，对人体无毒副作用，更安全；

（3）本保鲜剂可以形成一层隔膜，阻隔空气，从而减少氧气的接触量，降低呼吸作用，膜与脐橙表面的微环境中由于氧气不断被消耗，CO_2 含量不断增加，形成一种低氧高 CO_2 环境，可降低氧化，因此使用本保鲜剂可以长期保持脐橙的光泽。

配方 25　沃柑专用保鲜剂

原料配比

原料	配比（质量份）				
	1#	2#	3#	4#	5#
山梨糖醇	3	3.5	4	4.5	5
蔗糖月桂酸酯	1	1.5	2	2.5	3
蜂胶	5	5.5	6	6.5	7
香茅草精油	5	5.5	6	6.5	7
茶多酚	3	4	4.5	5	6
抗坏血酸	3	4	4.5	5	6
酒石酸	2	3	3.5	4	5
玉米胚芽粉	10	12	12.5	13	15
壳聚糖	5	7	7.5	8	10
海藻糖	4	5	6	7	8
多聚赖氨酸	3	3.5	4	4.5	5
去离子水	120	130	135	140	150

制备方法　将各组分原料混合，充分搅拌均匀即可。

产品应用　本品主要是一种沃柑专用保鲜剂。

产品特性　本品有效地延长了沃柑的保鲜时间，配方合理，制作简单，释放期长，效果均匀，降低了沃柑在运输、存放过程中的经济损失；使用本保鲜剂，沃柑的保鲜期可延长 25～30 天。

配方 26　壳寡糖柑橘保鲜剂

原料配比

原料		配比（质量份）					
		1#	2#	3#	4#	5#	6#
松针提取液		70	75	80	85	78	30
肉桂提取液		5	10	15	20	13	30
银杏叶提取液		3	5	9	10	8	30
壳寡糖		0.05	0.25	1	3	0.5	0.5
壳聚糖		0.05	0.25	1	3	0.5	0.5
溶剂	10%柠檬酸	79	—	94	109	100	100
	1%（体积分数）醋酸	—	122	—	—	—	—

制备方法 将壳寡糖与壳聚糖按比例加入溶剂中得到混合溶液，将松针提取液、肉桂提取液、银杏叶提取液按比例加入混合溶液中，即制备得到壳寡糖柑橘保鲜剂。

原料介绍

所述壳聚糖脱乙酰度为80%～95%。

所述松针提取液的制备包括以下步骤：将松针洗净，烘干，粉碎，过筛，通过超临界二氧化碳在压力为20～25MPa、温度为20～30℃条件下循环萃取，分离得到松针提取液。所述分离压力为6～10MPa、温度为30～40℃。

所述肉桂提取液的制备包括以下步骤：将肉桂洗净，烘干，粉碎，过筛，乙醇浸渍，过滤，将所得滤液浓缩，得浓缩液，滤渣通过超临界二氧化碳在压力为30～40MPa、温度为40～50℃条件下循环萃取，分离得到提取液，将浓缩液和提取液合并，即得肉桂提取液。其中所用乙醇体积分数为60%～75%。所述分离压力为8～12MPa，温度为20～30℃。所述浸渍时间8～24h，乙醇与肉桂质量比为（2～10）：1。

所述银杏叶提取液的制备包括以下步骤：将银杏叶洗净，烘干，粉碎，过筛，热水浸渍，过滤，收集滤液，滤渣通过乙醇浸渍，过滤，合并两次过滤所得滤液，浓缩，即得银杏叶提取液。其中，所用乙醇体积分数为90%～98%。所述热水温度为40～60℃，热水与银杏叶质量比为（1～3）：1，乙醇与银杏叶质量比为（5～8）：1。

以上超临界二氧化碳萃取时间为0.5～5h，超临界二氧化碳循环萃取次数为2～5次；超临界二氧化碳流量为30～50L/h。

所述的松针可以选自红松、黑松、油松、华山松、云南松、马尾松中的一种或几种。

所述烘干温度为30～50℃；过筛筛网孔径为10～100目。

产品应用 本品主要是一种保鲜剂。

保鲜剂的使用方法包括以下步骤：清洗柑橘表皮，晾干，光照辐射1～12h后，喷洒或浸泡保鲜剂，晾干；所述光照采用蓝光或紫外光；所述蓝光波长为390～540nm，强度为35～45μmol/m^2；所述紫外光波长为100～280nm，能量密度为0.5～0.8kJ/m^2。喷洒量为每100g柑橘喷洒0.5g保鲜剂；浸泡时所用保鲜剂体积分数为5%～20%，浸泡时先用乙醇或10%的柠檬酸稀释保鲜剂得到保鲜剂溶液后，再将柑橘浸泡到稀释后的保鲜剂溶液中。

产品特性 本品采用天然植物的提取液为主料，通过松针提取液、银杏叶提取液和肉桂提取液共同作用，有效清除自由基，增强果皮表面的抗氧化性，利用提取液的抗菌、杀菌能力，有效消灭果皮表面一些幼虫、虫卵和有害微生物，从抗菌、杀菌和抗氧化等多方面进行保鲜。另外，加入易降解的壳寡糖与壳聚糖为辅料，增强果皮抵抗力，未添加其他防腐保鲜剂，有效避免了二次污染。普通保鲜剂的保鲜时间仅 20 天左右，本保鲜剂保鲜时间长达 30 多天，保鲜效果好，并且安全环保。

配方 27 含聚氧乙烯胍盐酸盐的柑橘保鲜剂

原料配比

原料		配比（质量份）				
		1#	2#	3#	4#	5#
聚氧乙烯胍盐酸盐		20	22	24	26	30
乳酸链球菌素		15	16	17	18	14
增效液膜		30	32	30	34	30
乳化剂	甘油酯	5	6	5	—	—
	十聚甘油酯	—	—	—	3	—
	司盘	—	—	—	—	5
溶剂	乙酸乙酯	10	6	6	—	—
	氨水	—	—	—	—	5
	聚乙二醇	—	—	—	4	—
水		20	18	18	15	16
增效液膜	海藻酸钠	30	30	30	30	30
	吐温	1	1	1	1	1
	乙醇	1	1	1	1	1
	水	68	68	68	68	68

制备方法

（1）向水中加入溶剂，在转速 $500 \sim 800 r/min$ 的搅拌条件下，再加入聚氧乙烯胍盐酸盐，加热至 $50 \sim 80℃$，保持搅拌和加热状态 $0.5 \sim 1h$，得到混合物；

（2）将上述混合物的 pH 值调节至 $3 \sim 4$，依次加入乳酸链球菌素、增效液膜和乳化剂，保持温度 $50 \sim 80℃$ 下持续搅拌 $1 \sim 1.5h$，并保证 $pH \leqslant 4.5$，即得。

原料介绍

增效液膜的制备步骤为：

（1）向部分水中加入助溶剂，在转速 $200 \sim 300 r/min$ 的搅拌条件下，再加入增效增稠剂，然后加热至 $85 \sim 100℃$，保持搅拌和加热温度 $0.5 \sim 1h$，直至物料完全溶解，得到混合物；

（2）往上述混合物中加入增效乳化剂，再加入剩余的水，保持 $85 \sim 100℃$ 的加热状态，再搅拌反应 $0.5 \sim 1h$，调整温度至室温，并调节 pH 至 7，冷却后，即得。其中，采用常用弱碱或者弱酸调节溶液的 pH。

所述增效增稠剂为海藻酸钠、聚乙烯醇、羧丙基纤维素、甲壳素、蔗糖脂肪酸酯中的一种或两种以上。

所述增效乳化剂为司盘、吐温、甘油酯、十聚甘油酯中的一种或两种以上。

所述助溶剂为乙醇、乙酸乙酯、异丙醇、氨水、聚乙二醇中的一种或两种以上。

产品应用　本品主要是用于采后水果贮藏保鲜的含聚氧乙烯胍盐酸盐的柑橘保鲜剂。

产品特性

（1）聚氧乙烯胍盐酸盐对柑橘的青霉病、绿霉病、酸腐病、蒂腐病、炭疽病都能起到很好的防控效果，乳酸链球菌素与聚氧乙烯胍盐酸盐、增效液膜复合使用能进一步提高防控效果，增效液膜能更好地保持聚氧乙烯胍盐酸盐、乳酸链球菌素复合物防腐保鲜效力，增强持效性，使得保鲜剂可在保证无残留及安全的情况下，达到对采后柑橘的病害防控及保鲜。

（2）本品应用于柑橘采后处理，可完全有效控制采后青霉病、绿霉病、酸腐病、蒂腐病、炭疽病等的发生率，降低贮藏腐烂率，保持果实新鲜度及食用品质，可代替杀菌剂保鲜。

3.2　荔枝保鲜剂

配方1　控制褐变的荔枝保鲜剂

原料配比

原料	配比（质量份）		
	1#	2#	3#
柠檬酸	0.8	1.2	1
半胱氨酸	1	1	1
维生素C	0.7	1.3	1
2-氯苯甲醛缩氨基硫脲	0.03	0.05	0.04
蒸馏水	100	100	100

制备方法　将上述各组分混合均匀，溶于水中即可。

产品应用　本品主要用作荔枝保鲜剂。

产品特性　本产品能较好地控制采后荔枝的褐变、失重和病害，提高采后荔枝的好果率。

配方 2　环保荔枝保鲜剂

原料配比

原料	配比（质量份）				
	1#	2#	3#	4#	5#
焦亚硫酸钠	70~80	70	80	70	80
碳酸氢钠	10~15	10	15	15	10
乙氧基喹啉	1~2	1	2	1	2
甲基托布津	1~2	1	2	2	1
对苯二酚	1~2	1	2	1	1
硼砂	1~3	1	3	3	3

制备方法　将全部原料混合，搅拌均匀，即得产品。

产品应用　本品主要用作荔枝保鲜剂。

使用方法：使用时配制成 1%~2% 的水溶液，将荔枝浸入 3~5min 后，提起沥干存放，即可保鲜 30 天以上。

产品特性　本产品具有原料易得、成本低、绿色环保、使用方便、效果好的优点。

配方 3　低成本荔枝保鲜剂（一）

原料配比

原料	配比（质量份）		原料	配比（质量份）	
	1#	2#		1#	2#
硼砂	3	5	硫酸氢钠	4	5
聚乙烯醇	21	24	淀粉	17	18
辣椒粉	11	12	硅凝胶	5	4
硅油	19	18	蔗糖	10	11
丙三醇	8	7	乳酸钠	9	8
水	70	75	茶粉	3	4
苹果酸	5	6			

制备方法

（1）将硼砂、聚乙烯醇、辣椒粉、硅油、水、淀粉、硅凝胶、蔗糖、乳酸钠按照质量份数要求送进搅拌混合器内进行搅拌混合得到一号溶液，所述搅拌混合器的搅拌速度为 30~41r/min，所述搅拌混合器温度控制在 41~52℃；

（2）将苹果酸、丙三醇、硫酸氢钠、茶粉按照质量份数要求送进搅拌混合器内进行搅拌混合得到二号溶液，所述搅拌混合器的搅拌速度为 $16\sim24r/min$，所述搅拌混合器温度控制在 $20\sim32℃$；

（3）将一号溶液与二号溶液按照 2∶1 的比例混合，再将混合液送进沉淀池沉淀 $3\sim4h$；

（4）将步骤（3）的上清液进行抽取，再将抽取液过 85 目筛过滤，制得荔枝保鲜剂。

产品应用　本品主要用作荔枝保鲜剂。

使用方法：将荔枝保鲜剂直接喷洒在采摘下来的荔枝上，再将荔枝进行封盖即可。

产品特性　本产品选用多种材料配制而成，使用的原材料成本低廉，制作成本低；使用过程中不用控制荔枝的保存温度，并且不会存在任何安全隐患，安全性好，能耗低，可以通过普通车辆长时间运输荔枝，同时能够保证荔枝的质量，使荔枝的保鲜时间达到五到六个月。

配方 4　延长保鲜期的荔枝保鲜剂

原料配比

原料	配比（质量份）		
	1#	2#	3#
蔗糖酯	2.5	3	2
山梨酸钠	1.0	1.2	0.8
苹果酸	0.15	0.18	0.12
酒石酸钠	0.02	0.03	0.02
海藻酸钠	0.007	0.008	0.06
高锰酸钾	0.006	0.005	0.08
水	205	200	210

制备方法　将配方量的蔗糖酯、山梨酸钠、海藻酸钠和水混合，搅拌 $20\sim25min$，之后升温至 $55\sim60℃$，加入苹果酸、酒石酸钠搅拌 $15\sim20min$，冷却至室温后加入高锰酸钾搅拌均匀即可。

产品应用　本品主要用作荔枝保鲜剂。

使用方法：将荔枝放入荔枝保鲜剂中，浸泡 $2\sim3min$ 取出即可。

产品特性　本产品制备方法简单、配方合理、成本低廉，使用时操作方便、保鲜效果好，能延长荔枝保鲜期 $25\sim30$ 天。

配方5 长效荔枝保鲜剂

原料配比

原料	配比(质量份)		
	1#	2#	3#
金银花提取物	4	6	8
甘草提取物	2	2.5	3
荔枝皮提取物	1	2	3
氯化钙	0.8	1	1.2
丙三醇	1.5	1.8	2
壳聚糖	0.2	0.4	0.6
赤霉素	0.015	0.018	0.02
脱氢乙酸钠	0.8	1	1.2
水	加至100	加至100	加至100

制备方法

(1) 金银花提取物的制备：将金银花放入超高压提取罐，加入乙醇，加压并保持压力，泄压，过滤，滤液冷藏，冷藏后的滤液第一次离心分离，收集上清液，再次冷藏，第二次离心分离，收集上清液制得金银花提取物；乙醇加入量为金银花质量的5~8倍。加压压力为100~400MPa，压力保持时间为10~15min。第一次冷藏温度为1~4℃，冷藏时间为2~5h；再次冷藏温度为1~4℃，冷藏时间为1~3h。第一次离心分离的转速为3000~3500r/min，分离时间为10~15min；第二次离心分离的转速为5000~6000r/min，分离时间为5~8min。

(2) 甘草提取物的制备：称取粉末状甘草放入萃取釜中，通入CO_2作为提取流体，以乙醇作为夹带剂进行超临界萃取制得甘草提取物；CO_2流速为15~18m/s，萃取压力为30~35MPa，萃取温度为35~45℃，萃取时间为4~6h。

(3) 荔枝皮提取物的制备：称取粉末状荔枝皮放入闪式提取器中，以95%乙醇为提取剂制得荔枝皮提取物；料液比为（1:10）~（1:15），提取温度为70~80℃，提取时间为5~10min。

(4) 保鲜剂的制备：按配方量称取金银花提取物、甘草提取物、荔枝皮提取物、氯化钙、丙三醇、赤霉素及脱氢乙酸钠，沸水溶解，趁热加入配方量所需壳聚糖，搅拌至完全溶解，冷却至室温。

产品应用 本品主要用作荔枝的保鲜剂。

产品特性

(1) 主要成分为金银花及甘草中药配方，药食同源，对荔枝保鲜更安全；

（2）金银花经过超高压萃取，二次分离，制备出的提取物能极大地保存金银花的有效成分，提高保鲜效率；

（3）甘草提取物采用超临界萃取方法制备，可有效萃取甘草中的甘草酸及黄酮等有效成分；

（4）荔枝皮提取物具有较好的抑菌作用，能有效提高保鲜剂的保鲜效果；

（5）保鲜效果好，保鲜时间长。

配方6 低成本荔枝保鲜剂（二）

原料配比

原料	配比（质量份）		原料	配比（质量份）	
	1#	2#		1#	2#
石灰	2	3	硫酸亚铁	0.7	0.6
活性陶土	3	2	茶多酚	0.5	0.4
硬脂酸钙	0.6	0.9	山梨酸钾	0.3	0.2
托布津	0.3	0.6	水	加至100	加至100
鱼腥草	0.3	0.4			

制备方法 将上述原料按配比混合均匀，溶于水，即为荔枝保鲜剂。

产品应用 本品主要用作荔枝保鲜剂。

使用方法：将水果放在本产品中3~5min即可。

产品特性 本产品配方合理，保鲜效果好，保鲜时间长，生产成本低。

配方7 荔枝常温贮藏保鲜剂

原料配比

原料		配比（质量份）					
		1#	2#	3#	4#	5#	6#
羧甲基壳聚糖		1.0	1.5	0.5	1.5	0.6	1
杀菌剂	乳酸链球菌素	0.35	0.35	—	0.3	0.2	0.3
	纳他霉素	—	—	0.03	0.03	0.01	0.02
抗氧化剂	茶多酚	2.5	3.5	3.5	3.5	1.5	2.5
	ε-聚赖氨酸	0.35	0.35	0.35	0.35	0.1	0.2
护色剂	柠檬酸	2	2	2	2	1	1.5
	植酸	—	5	—	0.3	0.1	0.2

制备方法 先将护色剂进行溶解，然后再将羧甲基壳聚糖、杀菌剂、抗氧化

剂进行溶解，即得到保鲜剂。

产品应用　本品主要用作荔枝常温贮藏保鲜剂。

荔枝保鲜的方法包括如下步骤：将经过挑选后的荔枝果实在采摘后 6h 之内在保鲜液中浸泡 120～180s；浸泡后的果实在空气中自然晾干，标准为充分晾干，使果实表皮不存在任何液体。

产品特性

（1）利用本产品进行荔枝保鲜的效果好，经处理的果实可以较长时间保持果皮的红色，而且对果肉的风味影响很小，贮藏期或货架期延长，可以使荔枝在 25℃下贮藏，贮藏期可延长到 6 天以上（个别品种达 8 天）。

（2）本产品安全无毒，没有农药残留。整个处理过程不使用农药、二氧化硫或硫相关的物质，可满足人们对绿色食品的要求。

配方 8　荔枝防腐保鲜剂

原料配比

原料	配比（质量份）						
	1#	2#	3#	4#	5#	6#	7#
有机硅季铵盐	1	0.5	0.5	2	2	2	1
施保克	0.05	0.05	—	—	0.025	0.025	—
多菌灵	—	0.05	0.05	0.025	0.025	—	0.05
抑霉唑	0.05	—	0.05	0.025	—	0.025	—
水	加至 100	加至 100	加至 100	加至 100	加至 100	加至 100	加至 100

制备方法　按上述配比，将杀菌剂和有机硅季铵盐溶于水中。

产品应用　本品主要用作荔枝防腐保鲜剂。

荔枝防腐保鲜方法：

（1）选择晴天采收、八至九成熟、无机械损伤和病虫害的荔枝果实；

（2）将荔枝果实浸泡于荔枝防腐保鲜剂中 0.5～5min，然后再预冷、包装、贮藏。预冷是置于 0～5℃，预冷 6～12h。对果实进行包装，是将经预冷接近贮藏温度的果实用厚度为 0.03mm 的聚乙烯薄膜包装，果实温度尽可能接近贮藏温度是为减少果实贮藏过程中"结露"。优选在 2～4℃下贮藏，在该温度下保鲜时间长。

产品特性　本产品中的有机硅季铵盐与常规杀菌剂如多菌灵、抑霉唑、施保克中的一种或两种混用，能大大提高常规杀菌剂对荔枝果实杀菌的效率，而且还能降低常规化学杀菌剂的浓度，从而降低常规化学杀菌剂对人体的潜在危害。经过荔枝防腐保鲜剂杀菌处理的荔枝果实，再用聚乙烯薄膜包装，在 2～4℃贮藏条件下，荔枝果实 30 天后腐烂率在 5％以下。

配方 9　荔枝龙眼保鲜剂

原料配比

原料	配比(质量份)	
	1#	2#
代森锰锌	200	300
三乙磷酸铝	300	400
尿素	13	18
含磷 14％的磷肥	90	110
含钾 60％的氯化钾肥	50	80
硼砂	30	60
花生麸	500	800
0.7％～0.9％的硫酸铜	0.5	0.13
0.78％～0.89％的硫酸亚铁	0.05	0.1
0.09％～0.13％的葡萄糖	5	8
水	3000	3000

制备方法

(1) 将代森锰锌、三乙磷酸铝溶解于 1000 份的水中，所得的溶液待用；

(2) 在上述 (1) 的所得溶液中再加入 2000 份的水后，将尿素、含磷 14％
的磷肥、含钾 60％的氯化钾肥、硼砂、花生麸、0.7％～0.9％的硫酸铜、
0.78％～0.89％的硫酸亚铁、0.09％～0.13％的葡萄糖分别加入溶液中，溶解、
浸泡 30min 后，再搅拌 10min，经过滤即为成品。

产品应用　本品主要用作树上未摘荔枝、龙眼的保鲜剂，还能广泛应用于柿
子、柑橘、花生、玉米、水稻等果树或农作物。

产品特性

(1) 该产品可使树上荔枝、龙眼延迟成熟、保鲜，同时可以使荔枝、龙眼延
长收获时间。

(2) 该保鲜剂能使荔枝、龙眼具有补助性地吸收养分的能力，对果树上
的果实或其他农作物均可以保鲜，且保鲜后质量较好，收获时间可延长一个
月左右，避免了限期抢收，降低了劳动强度，同时又能产生较好的经济
效益。

配方 10　荔枝天然涂膜保鲜剂

原料配比

原料		配比(质量份)		
		1#	2#	3#
保鲜剂 A 液	柠檬酸	19.2	30	10
	壳聚糖	10	5	8
	纳他霉素	0.8	0.2	2.0
	茶多酚	10	5	15
	抗坏血酸	7	5	15
	水	加至1000(体积)	加至1000(体积)	加至1000(体积)
保鲜剂 B 液	柠檬酸	20	20	30
	壳聚糖	20	25	25
	水	加至1000(体积)	加至1000(体积)	加至1000(体积)

制备方法

保鲜剂 A 液配制方法为：

(1) 每1000份沸水中溶解10～30份柠檬酸，得柠檬酸溶液；

(2) 取出柠檬酸溶液的70%～85%，并趁热加入5～10份壳聚糖，搅拌至全部溶解，得柠檬酸溶液Ⅰ；剩余柠檬酸溶液冷却至室温，将0.2～2份纳他霉素、5～15份茶多酚、5～15份抗坏血酸加入，搅拌至完全溶解，得柠檬酸溶液Ⅱ；

(3) 合并两份柠檬酸溶液Ⅰ和Ⅱ，混合均匀，得保鲜剂 A 液，冷却至室温备用。

保鲜剂 B 液配制方法为：每1000份沸水中溶解10～30份柠檬酸，趁热加入20～25份壳聚糖，搅拌至全部溶解，得保鲜剂 B 液，并冷却至室温备用。

产品应用　本品主要用作荔枝天然涂膜保鲜剂。

保鲜剂 A、B 液使用方法：

(1) 挑选无病虫害荔枝，用臭氧灭菌5～10min，臭氧浓度优选为5～6mg/m³；

(2) 将荔枝整果浸入保鲜剂 A 液，浸渍5～8min，取出后在10min内快速吹干；

(3) 将经过 A 液浸渍、吹干的荔枝整果再浸入保鲜剂 B 液，浸渍3～5min，取出自然风干。

产品特性　本产品有很好的保鲜效果。保鲜剂安全无毒，简单易操作，便于工业化生产。

3.3　葡萄保鲜剂

配方 1　复合型葡萄保鲜剂

原料配比

原料		配比(质量份)				
		1#	2#	3#	4#	5#
A料	焦亚硫酸钠	60	50	60	50	50
	B料	40	50	50	50	50
B料	焦亚硫酸钠	35	45	45	38	45
	保护剂	2	1	2	5	4
	吸水剂	1	1	1	1	—
	缓释剂	1	1	1	3	—
	赋形剂	1	2	1	3	1

制备方法

(1) A料：为单一物料，以干粉制粒，粒径 0.1~0.5mm。

(2) B料：将上述原料按比例配料，并按下列步骤进行。将原料粉碎，经混合机混合后放入搪玻璃反应釜中，盖紧釜盖，然后向反应釜夹套内通入蒸汽进行加热，同时开动搪玻棒搅拌；釜内温度控制在 50~80℃，搅拌 5~15min 后，降温出料，加入赋形剂均匀混合后，倒入干粉制粒机造粒，粒径为 0.1~0.5mm。

(3) 将 A、B 两物料混合，用具有透气孔的塑膜复合包装纸进行小袋包装，每袋 1~10 克。

原料介绍　吸水剂为淀粉基超级吸水剂、生石灰中的一种或几种。缓释剂主要为氢氧化钙、木质素、聚丙烯酰胺中的一种或几种。赋形剂主要是硬脂酸钙、硬脂酸镁。

产品应用　本品主要用作葡萄保鲜剂。

产品特性　本产品的优点是 A 料具有起效及时、前期释放速度快的特点，B 料具有释放速度稳定、释放周期长、漂白果少的特点，二剂复合配制，可相互弥补缺点，且应用方便、安全无毒，果品保鲜效果好且长久。

配方 2　氨基多糖葡萄保鲜剂

原料配比

原料		配比（质量份）		
		1#	2#	3#
采前喷施应用保鲜剂	氨基多糖	0.02	0.05	0.1
	0.05%乳酸溶液	—	加至100	—
	0.01%乙酸溶液	—	—	加至100
	吐温-80	0.02	0.02	—
	甘油	—	—	0.02
	硼酸钠	0.03	0.1	0.2
	0.5%草酸溶液	加至100	—	—
采后浸泡包膜保鲜剂	氨基多糖和/或寡糖	0.2	0.4	0.5
	0.1%乳酸溶液	加至100	—	—
	0.2%乙酸溶液	—	加至100	—
	0.1%乙酸溶液	—	—	加至100
	吐温-80	0.02	0.3	0.3
	硼酸钠	0.01	0.01	0.01
	羧甲基纤维素	0.05	0.03	—
	海藻酸钠	—	—	0.02

制备方法　将各组分溶于乙酸、乳酸或草酸水溶液中，即得到产品。

原料介绍　本产品的氨基多糖和/或寡糖来源于壳聚糖降解获得的氨基多糖复合物。

产品应用　本品主要用作葡萄的保鲜剂。

产品特性　氨基多糖可包膜在水果上，在一定程度上可降低果实贮存过程的失水率，维持果实硬度，降低果实呼吸速率和乙烯生成量，延缓呼吸高峰和乙烯释放高峰，降低膜透性和活性氧的产生，延缓果实衰老。同时氨基多糖和/或寡糖作为一种聚阳离子物质，具有广谱抗菌性，对果实采前、采后腐烂菌的生长具有显著的抑制作用，对果实病害发生和病情发展具有防治效果。氨基多糖和/或寡糖作为一种病原激发子，采前、采后处理在一定程度上可增强果实自身抗性相关酶活性，诱导抗性物质和自身细胞结构的变化，提高果实抗病性。

配方 3 低成本葡萄保鲜剂

原料配比

原料	配比（质量份）		原料	配比（质量份）	
	1#	2#		1#	2#
硅藻土	3	5	活性亚铁	0.2～0.4	0.4
焦亚硫酸钠	0.04	0.07	柠檬酸	0.5	0.8
高锰酸钾	0.2	0.1～0.5	水	加至100	加至100
氯化钙	0.3	0.1			

制备方法 将各组分混合均匀，溶于水，即为葡萄保鲜剂。

产品应用 本品主要用作葡萄的保鲜剂。

使用方法：将水果放在本产品中1～2min即可。

产品特性 本产品配方合理，保鲜效果好，保鲜时间长，生产成本低。

配方 4 抑制霉变的葡萄保鲜剂

原料配比

原料	配比（质量份）		
	1#	2#	3#
活性炭	15	20	30
山梨酸钾	10	15	20
亚硫酸氢钠	1	1.5	2
次氯酸钙	3	4	5
氧化锌	2	3	4
木质素	1	2	3
硬脂酸	0.5	1	1.5
氧化铁	9	10	11
山梨酸	7	8	9

制备方法 将各组分原料混合均匀即可。

产品应用 本品主要用作葡萄保鲜剂。

产品特性 本产品保鲜期长、无毒、安全、不会带来药害。可以有效抑制葡萄的梗枯、裂果、变色、萎缩、发霉、腐烂等，保持葡萄鲜度不降低。

配方 5　抑制腐烂的葡萄保鲜剂

原料配比

原料	配比(质量份)	原料	配比(质量份)
次氯酸钙	10	亚氯酸钠	10
亚硫酸氢钠	30	氧化锌	10
活性炭	80	氧化铁	10
聚丙烯酸钠	50	二氧化锰	10

制备方法　将各成分混合均匀即得。

产品应用　本品主要用作葡萄保鲜剂。

产品特性　本品保鲜期长，具有仅用冷藏法不可能实现的保鲜效果。无毒、安全、不会带来药害。可以有效抑制葡萄的梗枯、脱粒、裂果、变色、萎缩、软化、发霉、腐烂等，保持葡萄鲜度不降低。

配方 6　葡萄防腐保鲜剂

原料配比

原料	配比(质量份)						
	1#	2#	3#	4#	5#	6#	7#
亚硫酸钠	48	40	60	42	52	45	50
焦亚硫酸钾	40	50	30	43	33	40	35
变色硅胶	45	55	35	52	37	50	40
氢氧化钠	4	6	2	5.5	2.5	5	3
十八酸钙	3	5	1	4.5	1.5	4	1.5

制备方法　将各组分混合，研成粉末状，按照常规方法制成粉剂或片剂后装袋即为成品。

产品应用　本品主要用于葡萄防腐保鲜。

产品特性　本产品配方科学、合理，制造成本低。本产品由多种食品添加剂复合而成，不含有毒成分，可减少水分损失 5%～15%，从而起到保水、保鲜、保色作用；可有效抑制各种细菌，极大限度地对葡萄起到较好的保鲜和防腐作用。

配方 7　葡萄缓释保鲜剂

原料配比

原料	配比(质量份)	原料	配比(质量份)
焦亚硫酸钾	80	甲壳素	7
羧甲基纤维素	3	水	3
木质素	7		

制备方法　先将羧甲基纤维素、木质素、甲壳素、水于85℃均匀混合，后冷却至38℃，再将所得物与焦亚硫酸钾于38℃混合，后冷却至常温即得。

产品应用　本品主要用作葡萄缓释保鲜剂。

产品特性

（1）本品加入甲壳素，具有澄清、净化、除异味、阻止维生素 C 的氧化降解等作用；

（2）本品加入木质素，为其他药品构筑坚固的、密封性良好的框架结构，使得药品能够均匀缓慢地释放，维持均匀长期保鲜效果，使葡萄等水果长期保鲜；

（3）本品材料来源广，成本低廉；

（4）本品不释放对人体有害的气体，可以长时间与葡萄混放在一起而不产生副作用。

配方 8　葡萄专用保鲜剂

原料配比

原料	配比(质量份)		原料	配比(质量份)	
	1#	2#		1#	2#
山梨酸钠	2	4	明胶	0.4	0.8
硬脂酸钠	0.2	5	氯化钙	0.1	0.4
海藻酸钠	8	17	壳聚糖	10	20
柠檬酸钠	0.1	0.4	脱乙酰化壳聚糖	10	20
谷氨酸钠	0.1	0.4	葡萄糖	15	25
硅藻土	0.1	0.4	维生素 C	0.005	0.02
酒石酸	0.01	0.05	水	2	2~15
苹果酸	15	20			

制备方法　将各组分原料混合均匀即可。

产品应用　本品主要是一种葡萄专用保鲜剂。所述保鲜剂使用量与水的比例为1∶10。

产品特性 本品能在葡萄表面形成保护膜，从而对葡萄起到保鲜和抑制微生物生长的作用，同时对环境污染小，表面残留化学物质少。

配方9 抑制葡萄采后脱粒的保鲜剂

原料配比

原料		配比（质量份）		
		1#	2#	3#
亲水树脂	羟甲基纤维素	0.2	—	—
	聚氧化乙烯	—	0.5	0.4
壳聚糖		0.1	0.2	0.15
硒化卡拉胶	液体含硒量为1.8g/L	0.001	—	—
	液体含硒量为2.0g/L	—	0.03	—
	液体含硒量为1.9g/L	—	—	0.023
马来酰肼		0.01	0.03	0.018
赤霉素		0.02	0.04	0.035
中草药提取液		120	200	165
乙二醇		40	35	40
水		加至1000	加至1000	加至1000
中草药提取液	紫花地丁	12	18	15
	白花鬼针草	10	15	12
	雷公根	12	16	13
	鸡骨草	2	6	5
	鱼腥草	4	9	6
	石菖蒲	10	15	13
	莪术	12	15	14
	三七	3	8	5
	高良姜	10	15	13

制备方法

（1）将马来酰肼、赤霉素分别放于乙二醇中进行溶解，溶解后分别得到马来酰肼乙二醇溶液和赤霉素乙二醇溶液；

（2）向中草药提取液中依次加入马来酰肼乙二醇溶液和赤霉素乙二醇溶液、硒化卡拉胶、亲水树脂、壳聚糖混合搅拌均匀，添加纯净水到1000份，加热至温度68～75℃搅拌均匀，冷却到室温，即得所述保鲜剂。

原料介绍

所述中草药提取液的制作方法包括以下步骤：

（1）将紫花地丁、白花鬼针草、雷公根、鸡骨草、鱼腥草、石菖蒲用切碎机切成 0.5～1cm 的小段，将切好后的小段混合后按固液比 1∶2 加入纯净水，且放于频率为 30～40kHz 的超声波环境下浸泡 30～35min，浸泡结束后转入不锈钢萃取罐中，采用亚临界萃取方法，于温度为 110～115℃、压力为 3～4MPa 的条件下处理 20～25min，重复提取 2 次，将全部提取液混合后进行超滤提取，收集滤液，得料Ⅰ。

（2）将莪术、三七、高良姜用中草药粉碎机粉碎，过 60～80 目筛。混合后放置在萃取釜中，按照固液比 1∶3 加入体积分数为 45%～50% 的乙醇水溶液进行 CO_2 的超临界萃取。所述超临界萃取的 CO_2 体积流量为 15～20L/min，萃取压力为 24～26MPa，萃取温度为 30～35℃，解析温度为 30～32℃，萃取时间为 60～80min；萃取结束后 CO_2 进行气化并循环使用。将全部提取液混合后进行超滤提取，收集滤液即得料Ⅱ。

（3）将所述料Ⅰ与料Ⅱ混合即得到中草药提取液。

产品应用　本品是一种抑制葡萄采后脱粒的保鲜剂。

使用方法：将保鲜剂预冷至 5～15℃，将新鲜采收的葡萄充分浸泡在上述保鲜剂中，浸泡 5～15min 取出，以冷风吹干表面即可。

产品特性

（1）本品在充分浸泡新鲜采收的葡萄、吹干葡萄表面后即可抑制微生物和细菌的侵蚀，有效降低葡萄在采后储藏过程中出现的脱粒情况，操作方便。

（2）本品可将葡萄落粒率控制在常温情况下 10 天低于 8%，冷藏条件下 30 天低于 4%，从冷藏环境取出到常温环境下 3 天低于 5%。

配方 10　抑制葡萄果粒脱落的保鲜剂

原料配比

原料		配比（质量份）		
		1#	2#	3#
硒化卡拉胶	液体含硒量为 2.2g/L	0.01	—	—
	液体含硒量为 2.1g/L	—	0.03	—
	液体含硒量为 2.0g/L	—	—	0.02
硒酸酯聚糖	含硒量为 2.7g/L	0.015	—	—
	含硒量为 3.0g/L	—	0.045	—
	含硒量为 2.8g/L	—	—	0.03
马来酰肼		0.01	0.03	0.02
赤霉素		0.02	0.04	0.03
中草药提取液		120	200	160

原料		配比(质量份)		
		1#	2#	3#
乙二醇		35	35	35
水		加至1000	加至1000	加至1000
中草药提取液	仙茅	12	18	16
	白花鬼针草	10	15	12
	雷公根	12	16	14
	鸡骨草	2	6	4
	鹅不食草	4	9	5
	雷公藤	10	15	12
	莪术	12	15	14
	三七	3	8	6
	高良姜	10	15	13

制备方法

(1) 将马来酰肼、赤霉素分别放于乙二醇中进行溶解，溶解后分别得到马来酰肼乙二醇溶液和赤霉素乙二醇溶液；

(2) 向中草药提取液中依次加入马来酰肼乙二醇溶液和赤霉素乙二醇溶液、硒化卡拉胶、硒酸酯聚糖混合搅拌均匀，添加纯净水到液体总体积为1000份，加热至温度65～80℃搅拌均匀，冷却到室温，即得所述保鲜剂。

原料介绍

所述中草药提取液的制作方法包括以下步骤：

(1) 将仙茅、白花鬼针草、雷公根、鸡骨草、鹅不食草、雷公藤用切碎机切成0.5～1cm的小段，混合后装入超高压专用密封袋中，再放于超高压提取设备中进行提取。其中，提取用浸提液为纯净水，固液比为1:3，提取操作条件是温度为22～28℃、压力为220～400MPa，保压3～8min后收集提取液，重复提取2次，将全部提取液混合后进行超滤提取，收集滤液，得料Ⅰ。

(2) 将莪术、三七、高良姜用中草药粉碎机粉碎，过60～80目筛。混合后装入超高压专用密封袋中，再放于超高压提取设备中进行提取。其中，提取用浸提液为体积分数30%～32%的乙醇水溶液，固液比为1:2；提取操作条件是压力为220～400MPa，保压3～8min后收集提取液，重复提取2次，将全部提取液混合后进行超滤提取，收集滤液，得料Ⅱ。

(3) 将所述料Ⅰ与料Ⅱ混合即得到中草药提取液。

产品应用 本品是一种抑制葡萄果粒脱落的保鲜剂。

使用方法：按体积比1:10将所述保鲜剂与清水混合稀释后得保鲜剂稀释

液，将所述保鲜剂稀释液于葡萄花芽期、成花期、幼果期分别喷施在叶面、花、幼果上，且每亩喷施 48～50L/期。

产品特性

（1）本品在葡萄花期、幼果期使用，能使葡萄果蒂变粗壮，增强果蒂与果实之间的连接，同时能抑制微生物和细菌的侵蚀，有效控制鲜食葡萄在采后储藏过程中出现的果粒脱落情况。

（2）本品可将葡萄落粒率控制在常温情况下 10 天低于 8%，冷藏条件下 30 天低于 4%，从冷藏环境取出到常温环境下 3 天低于 6%。

3.4　草莓保鲜剂

配方 1　安全无毒草莓保鲜剂

原料配比

原料	配比（质量份）		
	1#	2#	3#
大蒜素	3	4	10
羧甲基壳聚糖	25	40	10
植酸	20	25	10
纳他霉素	2	3	10
醋酸	25	25	10
水	925	903	950

制备方法　按配方分别称取大蒜素、羧甲基壳聚糖、植酸、纳他霉素、醋酸溶解于水中，充分进行混合，即得到完全无毒草莓保鲜剂。

产品应用　本品主要用作草莓保鲜剂。

使用方法：将本保鲜剂与水以 1∶10 进行稀释。将剪下的草莓轻轻放入本保鲜剂中浸润 3～5s 后捞出，沥干，草莓外表面可形成一层极薄的膜，4℃贮藏 60 天，好果率≥98.5%，失水率≤2.0%，颜色鲜亮。

产品特性

（1）本产品安全、无毒，各组分间协同性好。

（2）广谱抑菌，失水率低，保质期有效增长。

（3）草莓外表形成的薄膜增加了草莓的硬度，有效降低了受触碰时造成的机械损伤。

配方 2　天然生物草莓保鲜剂

原料配比

原料	配比/(g/L)		原料	配比/(g/L)	
	1#	2#		1#	2#
竹醋液	0.1	0.2	壳聚糖	8	5
迷迭香酸	0.02	0.05	水	加至1L	加至1L
茶多酚	1.0	0.6			

制备方法　将竹醋液先溶于水中，再依次加入茶多酚、迷迭香酸、壳聚糖，补足余量水分，充分搅拌均匀。

产品应用　本品主要用作草莓保鲜剂。

使用方法：用本保鲜剂浸泡或涂布处理草莓果实1～3min，晾干。

产品特性

（1）本产品对草莓具有较好的保鲜效果，可延长贮藏期和货架期，安全性高，所需的原料均为生物来源。

（2）本产品的原料购买方便，制备工艺和使用方法简单。

配方 3　草莓复合保鲜剂

原料配比

原料	配比(质量份)	原料	配比(质量份)
壳聚糖	1	纳他霉素	0.03
曲酸	0.81	水	97.8
氯化钙	0.36		

制备方法　取各组分混合混匀即得。

产品应用　本品主要用作草莓复合保鲜剂。

使用方法：

（1）挑选新鲜、完整无病害损伤、八成熟的草莓，清除杂物，用水冲淋洗净；

（2）将沥干后的草莓浸入上述草莓复合保鲜剂中，浸没，处理1min，取出草莓，自然晾干；

（3）将草莓放入保鲜托盘中，覆盖保鲜膜，于室温下贮藏。

产品特性　本产品可有效地降低草莓外部综合指数、呼吸强度、可滴定酸、可溶性固形物、糖含量的损失，抑制了腐烂的发生。利用本产品处理草莓，安全性高，无污染，清洗容易，是一种安全、高效的保鲜方法。

配方 4　复合草莓保鲜剂

原料配比

原料	配比(质量份)			
	1#	2#	3#	4#
纳他霉素	10	20	30	25
食用乙醇	40	80	120	100
纯净水	919	848	765	800
竹叶提取物	20	30	50	40
乳酸钠	10	10	20	10
黄原胶	0.8	1.6	4	4
聚乙烯吡咯烷酮	0.2	0.4	1	1

制备方法

(1) 将纳他霉素溶于食用乙醇中,搅拌形成均匀的悬浮液;

(2) 将所述悬浮液溶于纯净水中,然后依次加入竹叶提取物、保湿剂和成膜剂,搅拌均匀制得复合草莓保鲜剂。

原料介绍

所述竹叶提取物为从多种竹叶中提取出来的具有生理活性的生物素,包括黄酮类、内酯类和酚酸类化合物的混合物。

所述保湿剂为乳酸钠和糖醇中的一种或多种的复合物。

所述成膜剂为黄原胶和聚乙烯吡咯烷酮的复合物。

产品应用　本品主要用作草莓保鲜剂。

使用方法:将草莓保鲜剂用纯净水稀释 100 倍后直接喷雾在草莓上。在草莓采摘之前和采摘之后各喷雾一次。草莓采摘前后两次喷雾效果更明显。

产品特性

(1) 使用方便简单:用本产品不仅适合于农场设施栽培,也适合于个体种植户。

(2) 保鲜效果好:采摘前用本产品喷雾处理未处理的草莓可提高商品果率 30% 以上;采摘后用本产品处理的草莓在常温下保鲜时间达到 7 天时商品果率为 85% 以上;采摘前后两次用本产品处理的草莓常温下的保鲜时间达到 7 天时的商品果率为 90% 以上;如果结合低温保存,效果更好。

配方 5　天然绿色草莓保鲜剂

原料配比

原料	配比(质量份)	原料	配比(质量份)
生姜汁	3	大蒜汁	2

制备方法

(1) 分别将新鲜的生姜和大蒜瓣清洗干净后，切碎、榨汁；

(2) 取 3 份生姜汁，用离心方法去除淀粉；

(3) 取 2 份大蒜汁，与上述去掉淀粉的生姜汁混合，充分搅匀；

(4) 将上述混合均匀的液汁过滤沉淀，制得橙绿色液体。

产品应用 本品主要用作草莓保鲜剂。

产品特性 生姜和大蒜为天然可食用物质，对人体无害。同时，生姜和大蒜具有杀菌的作用，两者按一定比例混合后，具有较强的杀菌作用，用其制剂喷洒草莓，能抑制草莓表层细菌的生长，较长时间地保持草莓原始色泽口味。

配方 6 栀子提取物草莓保鲜剂

原料配比

原料	配比（质量份）		
	1#	2#	3#
栀子提取物	0.5	1.0	1.0
乙酰紫草素	0.05	0.08	0.09
麦芽糖醇	3	5	6
壳聚糖	1	3	4
刺槐豆胶	3	9	12
水	90	120	140

制备方法 按质量份称取所有原料，将麦芽糖醇、壳聚糖、刺槐豆胶加入水中，用搅拌器分散均匀，然后加入栀子提取物和乙酰紫草素，使用超声波分散均匀即得。

原料介绍

所述栀子提取物通过以下方法制备得到：

(1) 将栀子果实洗净去杂，在真空条件下干燥后，将栀子粉碎，得栀子粉。

(2) 将栀子粉和氢氧化钙按质量比为 (95～99)：(1～5) 研磨至 200～300 目，得混合微粉。

(3) 将混合微粉和体积分数为 30%～35% 的乙醇按料液比 1g：(20～30) mL 放入单级式连续逆流超声波提取机中，在频率为 20～80kHz、功率为 300～500W、温度为 40～50℃ 的超声波作用下超声逆流提取 10～30min，过滤提取液，收集得到滤液和滤渣；将滤渣重复超声逆流提取 2～3 次，重复过滤，最后合并所有滤液；将所有滤液减压蒸馏，回收乙醇，得浓缩滤液。

(4) 将浓缩滤液经硅胶柱色谱分离，依次用体积比为 20：80、30：70、

40∶60 的石油醚-乙酸乙酯混合溶液梯度洗脱，收集体积比 40∶60 的洗脱液。

（5）将所述体积比 40∶60 的洗脱液浓缩至浸膏，浸膏再经硅胶柱色谱分离，用体积比为 50∶50 的石油醚-乙酸乙酯等度洗脱，收集洗脱部分，浓缩后，再使用硅胶柱纯化，用体积比为 40∶60 的乙腈-氯仿洗脱并收集洗脱部分，即得到栀子提取物。

所述经硅胶柱色谱分离时，浓缩滤液和硅胶的质量比为 1∶（30～50）；

所述经硅胶柱色谱纯化时，浓缩滤液和硅胶的质量比为 1∶（20～40）。

产品应用 本品是一种草莓保鲜剂。

所述的草莓保鲜剂是在草莓采收前 4 天使用，具体使用方法是：在采收前 4 天，每天上午 9～12 点期间将本品均匀喷雾在草莓上，每天喷雾一次，连续 3 天，采收当日上午不再喷洒，采摘后直接包装，随后冷藏或常温储藏即可。

产品特性

（1）本品具有安全无毒、保鲜防腐时间长、防腐效果好的优点。

（2）本品可以在采收前使用，保鲜剂的成膜物质能够均匀地分布在草莓的表面，形成有效保护。避免采收后使用导致果皮表面水分含量高、容易滋生微生物而引起腐败的发生。

（3）本品是一种安全、高效的保鲜剂，其突破常规的采后保鲜方法，能够有效地延长草莓的保鲜期，使得草莓的保鲜期由一般的 5 天左右延长至 10 天左右，最长的可达 15 天，效果十分显著。

配方 7 保鲜效果优异的草莓保鲜剂

原料配比

原料	配比（质量份）		原料	配比（质量份）
海藻酸钠	20		氯化钙	适量
淀粉	8	有机酸	马来酸	1
纤维素	6		抗坏血酸	0.2
有机酸	22		富马酸	0.8
山梨酸钾	3		柠檬酸	1.2
蒸馏水	加至 100			

制备方法 将各组分原料混合均匀即可。

产品应用 本品主要是一种草莓保鲜剂。

草莓保鲜方法，包括如下步骤：

（1）将草莓静置在塑料或玻璃容器中，容器事先经高温杀菌处理；

（2）调制海藻酸钠、淀粉、纤维素、有机酸以及山梨酸钾的水溶液；

（3）将步骤（2）中溶液高温高压杀菌灭活，并掺入适量的氯化钙；

（4）将上述溶液喷洒在草莓表面，保持容器内温度5～12℃1h以上；

（5）真空包装，运输。

产品特性　本品提供的草莓保鲜方法，实用可靠，保鲜效果好，无有害物质产生，不会对人体造成损害。本保鲜剂配料简单，成本低，使用效果好，能够最大限度保持草莓新鲜度，并且可以根据需要，进行包装运输，不影响保鲜效果。

配方8　含有天然组分的草莓保鲜剂

原料配比

原料		配比（质量份）		
		1#	2#	3#
食品级柠檬酸钠		10	15	20
丁香花汁		5	8	10
生姜汁		6	8	10
木质素		2	3	5
氨水		2	3	5
维生素E		10～20	15	20
无菌水		40	50	60
无菌水	蒸馏水	10	15	20
	蔗糖	5	5	10
	甘油	4	4	5
	花生油	3	4	5
	次氯酸	2	4	5
	淀粉酶	5	8	10
	脱水酶	5	8	10

制备方法　将各组分原料混合均匀即可。

产品应用　本品主要是一种草莓保鲜剂。

产品特性　本品制备方法简单，易操作，成本较低，对人体无毒副作用，能够显著提高草莓的保鲜效果。

配方9　草莓保鲜剂组合物

原料配比

原料		配比（质量份）		
		1#	2#	3#
第一草莓保鲜剂	茶多酚	2	3	2.5
	维生素	1	9	5
	生姜	1	3	2

原料		配比(质量份)		
		1#	2#	3#
第一草莓保鲜剂	柠檬酸	3	13	8
	葡萄籽提取物	3	6	4.5
	藿香	1	5	3
	水	30	40	35
第二草莓保鲜剂	氯化钠	3	6	4.5
	葡萄糖	3	5	4
	柠檬酸	1	2	1.5
	甘露糖	1	2	1.5
	甘油	2	8	5
	山楂	3	5	4
	水	20	30	25
第三草莓保鲜剂	甘草	8	10	9
	含羞草	3	4	3.5
	蜂胶	3	5	4
	纤维素	1	5	3
	葡萄籽提取物	10	20	15
	山竹	5	9	7
	水	40	50	45

制备方法　将各组分原料混合均匀即可。

产品应用　本品主要是一种草莓保鲜剂组合物。

草莓保鲜方法及步骤如下:

(1) 在草莓预期采摘日的前15~10天向草莓表面喷洒第一草莓保鲜剂;

(2) 在预期采摘日采摘后,向草莓表面喷洒第二草莓保鲜剂;

(3) 在草莓采摘10天后,向草莓表面喷洒第三草莓保鲜剂。

产品特性

(1) 本品不包含人工合成化学物质,均为天然原料。第一草莓保鲜剂中茶多酚抗氧化能力强,柠檬酸具有抑制细菌、护色、改进风味、促进蔗糖转化等作用,还具有螯合作用,能够清除某些有害金属,和维生素、生姜联合使用,在采摘之前进行喷洒,能够防止草莓在采摘后的氧化,同时还能促进草莓的正常生长。第二草莓保鲜剂能够快速抑制草莓的新陈代谢,在采摘草莓后马上将其喷洒到草莓表面,可抑制草莓的新陈代谢,持久保鲜。第三草莓保鲜剂中甘草、含羞草、蜂胶、纤维素、葡萄籽提取物的联合使用,使得第三保鲜剂比较黏稠,将其喷洒到草莓表面时，第三保鲜剂在草莓表面形成了一层膜，能够进一步降低草莓的新陈代谢，保持其水分及糖分。

（2）本品安全环保，利用本品能够延长草莓保鲜时间 10～20 天。

配方 10　用于草莓保鲜的天然保鲜剂

原料配比

原料		配比（体积份）				
		1#	2#	3#	4#	5#
柚子皮提取液		40	55	50	48	47
苹果皮提取液		60	45	50	52	53
盐酸		适量	适量	适量	适量	适量
柚子皮提取液 A	柚子皮粗粉	1	1	1	1	1
	75%（体积分数）的乙醇水溶液	10	10	10	—	—
	70%（体积分数）的乙醇水溶液	—	—	—	8	—
	80%（体积分数）的乙醇水溶液	—	—	—	—	12
柚子皮提取液 B	滤渣	1	1	1	1	1
	去离子水	8	8	8	6	10
柚子皮提取液	柚子皮提取液 A	1	1	1	1	1
	柚子皮提取液 B	1	1	1	1	1
苹果皮提取液 A	苹果皮粗粉	1	1	1	1	1
	90%（体积分数）的乙醇水溶液	10	10	10	—	—
	80%（体积分数）的乙醇水溶液	—	—	—	12	8
苹果皮提取液 B	滤渣	1	1	1	1	1
	去离子水	8	8	8	10	6
苹果皮提取液	苹果皮提取液 A	1	1	1	1	1
	苹果皮提取液 B	1	1	1	1	1

制备方法

（1）将柚子皮清洗、烘干，粉碎过筛，得柚子皮粗粉；将柚子皮粗粉置于乙醇水溶液中，回流提取，提取液过滤，得滤液与滤渣；滤液减压回收乙醇并浓缩至柚子皮总黄酮含量在 30～35mg/mL，为柚子皮提取液 A；将滤渣置于去离子水中，用盐酸调节 pH，回流提取，将滤液过滤，滤渣弃去，滤液减压浓缩至柚子皮果胶含量在 10～15mg/mL，为柚子皮提取液 B；将柚子皮提取液 A 和 B 等体积混合，得柚子皮提取液。所述回流提取为 2～3 次，每次 1～1.5h。所述盐酸调节 pH 为 2～3。

（2）将苹果皮清洗、烘干，粉碎过筛，得苹果皮粗粉；将苹果皮粗粉置于乙醇水溶液中，回流提取，提取液过滤，得滤液与滤渣；滤液减压回收乙醇并浓缩至总多酚含量在 20～25mg/mL，为苹果皮提取液 A；将滤渣置于去离子水中，用盐酸调节 pH，回流提取，将滤液过滤，滤渣弃去，滤液减压浓缩至苹果皮果胶含量在 10～15mg/mL，为苹果皮提取液 B；将苹果皮提取液 A 和 B 等体积混合，得苹果皮提取液。所述回流提取为 2～3 次，每次 1～1.5h。所述盐酸调节 pH 为 2～3。

（3）将步骤（1）得到的柚子皮提取液和步骤（2）得到的苹果皮提取液按比例混合，得到用于草莓保鲜的天然保鲜剂。

产品应用 本品是一种用于草莓保鲜的天然保鲜剂。

保鲜方法包括如下步骤：

（1）采收八至九成熟草莓，挑选无病虫害、无机械损伤、大小均一的新鲜草莓。

（2）将草莓置于天然保鲜剂中浸泡 20min，取出草莓、晾干；将晾干的草莓存放于冷库保鲜。所述冷库的温度为 2～10℃、相对湿度为 85％～90％。

产品特性

（1）本品中柚子皮、苹果皮乙醇提取物主要为黄酮及多酚类活性成分，并含有一定的苹果酸，这些化合物不仅在体外具有较高的抑菌及抗氧化活性，被人体摄入亦具有清除自由基及降血脂等活性。

（2）柚子皮、苹果皮乙醇提取物可以提取部分果皮果蜡，水提取物主要为果胶，果蜡和果胶可在草莓表面形成一层保护膜，且果蜡具有一定的防水作用，能更好地防止草莓水分的流失。

（3）天然保鲜剂中柚子皮与苹果皮提取物都具有清香水果味，即使残留在草莓上，也不会产生不愉悦的味道。

（4）本品的制备方法简单方便，柚子皮与苹果皮均为工业加工废弃物，以柚子皮与苹果皮为原料，制备用于草莓的天然保鲜剂，不仅变废为宝，而且还减少了废弃物对环境的污染，一举两得。

（5）本品中同时采用柚子皮和苹果皮的提取液，协同增效，保鲜效果好；采用本品的保鲜方法可以使得草莓在保鲜时间为 20 天时的好果率大于 90％，失水率小于 2％。

配方 11 草莓用复合植物防腐保鲜剂

原料配比

原料	配比（质量份）		
	1#	2#	3#
牛蒡提取物	4	6	5
苦干提取物	8	12	10

续表

原料	配比(质量份)		
	1#	2#	3#
石榴叶提取物	5	8	6
大蒜提取物	15	18	16
壳聚糖	1	3	2
柠檬酸	1	1	2
乳化剂	1	3	2
水	100	100	100

制备方法

(1) 分别称取以下质量份数的原料：牛蒡提取物 4～6 份、苦干提取物 8～12 份、石榴叶提取物 5～8 份、大蒜提取物 15～18 份、壳聚糖 1～3 份、柠檬酸 1～3 份、乳化剂 1～3 份、水 100 份；

(2) 将步骤 (1) 称取的各原料混合，搅拌，并置于 30℃ 形成均一溶液，即制得所述复合植物防腐保鲜剂。

原料介绍

牛蒡提取物的制备方法为：

(1) 将新鲜牛蒡清洗，之后用质量分数为 1%～2% 的柠檬酸溶液浸泡后，干燥、粉碎、过筛后，备用。

(2) 将处理后的牛蒡与 60%～70% 的乙醇按固液比 1g∶(10～30) mL 常温浸泡 8～12h，之后加热回流 1～2h，冷却至室温，过滤，滤液旋蒸去除溶剂，制得牛蒡提取物。

苦干提取物的制备方法为：

将苦干清洗、干燥、粉碎，制备苦干粉；将苦干粉与质量分数为 60%～80% 的乙醇按照固液比为 1g∶(10～20) mL 混匀，超声功率为 300～400W，超声提取 20～30min，之后过滤，滤液旋蒸去除溶剂，制得苦干提取物。

石榴叶提取物的制备方法为：

将石榴叶清洗、干燥、粉碎后，按固液比为 1g∶(10～30) mL 加入水，50～60℃ 水浴 1～2h，过滤，滤渣按固液比为 1g∶(10～20) mL 加入水，50～60℃ 水浴 0.5～1h，过滤，合并两次滤液，之后浓缩至 1～1.5g/mL，制得石榴叶提取物。

大蒜提取物的制备方法为：

大蒜去皮粉碎后，按照固液比为 1∶(10～20) mL 加入乙酸乙酯，70～80℃ 回流提取 5～6h，获得提取液，浓缩至 1～2g/mL，制得大蒜提取物。

产品应用 本品是一种复合植物防腐保鲜剂。

本保鲜剂在草莓保鲜中的应用，具体方法为：

（1）草莓采收之前，待草莓长至六成熟时，喷洒用水稀释后的复合植物防腐保鲜剂，连续喷洒 2～3 天，待草莓长至八成熟时，采摘草莓；所述复合植物防腐保鲜剂的稀释倍数是 20～50 倍。

（2）将采摘后的草莓再次喷洒 30℃的所述复合植物防腐保鲜剂，自然晾干后，置于带有气孔的聚乙烯薄膜袋内，并于 3～7℃、湿度 80%～90%的环境中储藏。

产品特性 本品以具有杀菌功能的植物提取物复合制备了一种保鲜剂，杀菌成分是牛蒡提取物、苔干提取物、石榴叶提取物和大蒜提取物，上述组分组合，具有较强的杀菌作用，将其喷施于草莓表面，可防止草莓腐烂；还添加有壳聚糖和柠檬酸，柠檬酸的加入使壳聚糖在水溶液中形成溶液，低温时，有助于体系在草莓表面形成一层防护膜，隔绝草莓与外界环境，且防护膜具有一定硬度，包覆在草莓外侧，还能起到防止挤压的作用，即使草莓之间叠加存放，也能防止草莓之间相互挤压造成的草莓破损。

3.5 樱桃保鲜剂

配方 1 长效樱桃保鲜剂

原料配比

原料	配比（质量份）		
	1#	2#	3#
糖	25	30	35
苯甲酸钠	5	6	7
淀粉	1	1.5	2
柠檬酸钠	3	4	5
山梨酸	2	3	4
硫酸亚铁	0.5	1	1.5
氧化锌	3	4	5
水	50	60	70

制备方法 将各组分原料混合均匀即可。

原料介绍 所述的糖为蔗糖、葡萄糖或果糖。

产品应用 本品主要用作樱桃保鲜剂。

产品特性 本产品制法简单、成本低廉、释放期长、渗透力强，有效抑制菌酸及溶解糖，用其浸渍后保存的樱桃，可保存 3～4 个月，期间不会腐烂变质，外观、色泽、风味和新鲜樱桃无异，食用后对人体无任何毒副作用。

配方 2　樱桃防腐保鲜剂

原料配比

原料	配比（质量份）	原料	配比（质量份）
亚氯酸钠	25	氧化锌	10
硫酸亚铁	15	活性炭	50

制备方法　将所述亚氯酸钠、硫酸亚铁、氧化锌和活性炭放在一起混合均匀，加少量水充分搅拌，在110℃下干燥后制得颗粒物。

原料介绍

所述亚氯酸钠可由氯酸钠、硫酸亚铁或氧化锌代替，活性炭可由二氧化硅、氧化铝、硅藻土或沸石代替。

产品应用　本品主要用作樱桃防腐保鲜剂。

使用方法：将保鲜剂用透气性强的材料如纸、布等包装并与樱桃一起封入包装容器中即可。

产品特性　本产品既能有效地除去乙烯气体，又能除去乙醇、醛等其他有害气体，抑制霉菌发生，防止腐烂，且作用时间长。

配方 3　石竹提取物樱桃保鲜剂

原料配比

原料	配比（质量份）		
	1#	2#	3#
石竹提取物	0.6	0.9	1.2
甘草酸	0.05	0.07	0.09
聚乙二醇	3	5	6
壳聚糖	1	3	4
乳化剂吐温-80	3	8	—
乳化剂吐温-20	—	—	12
水	90	100	140

制备方法　按质量份称取所有原料，将聚乙二醇、壳聚糖、乳化剂加入水中，用搅拌器分散均匀，然后加入石竹提取物和甘草酸，使用超声波分散均匀即得。

原料介绍

所述石竹提取物通过以下方法制备得到：

（1）将石竹全草去杂，干燥至无水，再粉碎、过筛至50～60目，得石竹粉末。

（2）所述石竹粉末放入萃取釜中，加入体积分数为75%～85%的乙醇至淹过石竹粉末，进行超临界CO_2萃取，萃取2次。第一次的萃取条件为：萃取温度 50～60℃，萃取压力 18～25MPa，二氧化碳流量 20～30L/h，萃取时间 40～50min；第二次的萃取条件为：萃取温度 45～48℃，萃取压力 16～20MPa，二氧化碳流量 15～20L/h，萃取时间 10～15min；将萃取后的萃取液经分离釜分离出 CO_2，控制分离釜的温度为 32～36℃，压力为 12～18MPa，分离时间为 10～15min，得提取液；提取液蒸去乙醇后，得初提物。

（3）将所述初提物用乙酸乙酯溶解，然后过滤，滤液经硅胶柱色谱分离，依次用体积比为 30：70、40：60、50：50 的石油醚-乙酸乙酯混合溶液梯度洗脱，收集体积比 50：50 的洗脱液。

（4）将所述体积比 50：50 的洗脱液浓缩至浸膏，浸膏再经硅胶柱色谱分离，用体积比为 20：80 的石油醚-乙酸乙酯等度洗脱，收集洗脱部分，浓缩后，再使用硅胶柱纯化，用体积比为 40：60 的乙腈-丙酮洗脱并收集洗脱部分，浓缩干燥，即得到石竹提取物。

所述乙醇与石竹粉的液固比为（5～8）：1。

产品应用　本品主要是一种樱桃保鲜剂。

所述的樱桃保鲜剂在樱桃采收前 4 天使用，具体使用方法是：在采收前 4 天，每天上午 9～12 点期间将本品均匀喷雾在樱桃上，每天喷雾一次，连续 3 天，采收当日上午不再喷洒，采摘后直接包装，随后冷藏或常温保藏即可。

产品特性

（1）本品可以在采收前使用，使得保鲜剂的成膜物质能够均匀地分布在樱桃的表面，形成有效保护，避免采收后使用导致果皮表面水分含量高、容易滋生微生物而引起腐败的发生。

（2）本品是一种安全、高效的保鲜剂，其突破常规的采后保鲜方法，能够有效地延长樱桃的保鲜期，使得樱桃的保鲜期由一般的 7 天左右延长至 15 天左右，最长的可达 18 天，效果十分显著。

配方 4　中药发酵液樱桃保鲜剂

原料配比

原料		配比（质量份）			
		1#	2#	3#	4#
中药发酵液	菜芙蓉	15	20	15	20
	石蒜全草	16	10	16	10
	高良姜	15	10	15	10
	灰树花	20	26	20	26
	白芥子	18	10	18	10
	厚朴	10	18	10	18

续表

原料	配比(质量份)			
	1#	2#	3#	4#
中药发酵液	6	8	10	12
壳聚糖	0.5	0.8	2	1.5
β-环糊精	0.06	0.02	0.08	0.1
芥籽精油	12	10	14	15
甘油	3	2	5	6
去离子水	加至100	加至100	加至100	加至100

制备方法

(1) 按照配比称取中药发酵液、壳聚糖、β-环糊精、芥籽精油、甘油及水备用;

(2) 将β-环糊精与中药发酵液溶于水中,然后缓慢加热至50～60℃搅拌均匀后,加入芥籽精油搅拌均匀并在50～60℃保温20～40min,得到溶液A;

(3) 在水浴温度40～50℃条件下,将壳聚糖与甘油混合得到混合液B;

(4) 将混合液B加入溶液A中,在50～60℃搅拌40～60min,即可。

原料介绍

所述中药发酵液的制备方法为:称取菜芙蓉、石蒜全草、高良姜、灰树花、白芥子及厚朴,混合后加入水磨浆处理,得到药材浆;然后接种乳酸菌在20～25℃下发酵,发酵时间12～24h,然后再接种双歧杆菌在24～28℃下发酵,发酵时间6～12h,停止发酵后,发酵液静置萃取获得中药发酵液。

产品应用 本品主要是一种樱桃保鲜剂。

产品特性

(1) 中药发酵液采用乳酸菌与双歧杆菌双重发酵,可以有效释放中药原料中的活性成分,提高其与樱桃的生物相容性,同时还能够促进成膜物质壳聚糖的溶解,增强其成膜的稳定性。

(2) 本品选用天然原料,不包含化学合成的物质,天然、健康。其中包括多种中药成分的中药发酵液,都是使用安全的中药所提取的有效成分,在采摘前多次喷洒可以渗透到樱桃皮质的浅层,有利于形成防腐保鲜层,避免表层微生物向内层渗透滋生。

(3) 采用芥籽精油与中药发酵液配合具有很好的防腐效果,有利于樱桃保持较好的色泽。

(4) 该保鲜剂能减少樱桃营养成分的流失,较好地抑制其代谢,延长其货架期。

配方 5　樱桃复合保鲜剂

原料配比

原料	配比（质量份）		原料	配比（质量份）	
	1#	2#		1#	2#
甘草提取物	0.40	0.50	氯化钙	0.60	0.50
植酸	0.05	0.04	抗坏血酸	0.10	0.08
鱼腥草提取物	0.05	0.04	水杨酸	0.004	0.003
维生素 C	0.20	0.30	荷叶提取物	0.20	0.10
柠檬酸	0.10	0.20	羧甲基纤维素	0.30	0.20
丙酸钙	0.50	0.40	水	加至 100	加至 100

制备方法　将各组分原料混合均匀即可。

原料介绍

所述的荷叶提取物由如下方法制备得到：在 60℃下，将干燥的荷叶碎片浸入乙醇中浸泡 2h，过滤，收集滤液，重复提取四次，合并提取液，得到的提取液减压浓缩得到荷叶提取物。

产品应用　本品主要是一种樱桃复合保鲜剂。

产品特性　本品能够明显降低果实的腐烂率和失重率，有效抑制果实硬度的下降，具有良好的保鲜效果，相对于传统的化学保鲜剂而言，绿色安全，对人体健康无毒副作用，适合推广应用。

配方 6　樱桃涂膜保鲜剂

原料配比

原料	配比（质量份）		
	1#	2#	3#
苯乳酸浓缩液	30	20	25
羧甲基壳聚糖	1.5	1	1.25
冰乙酸	0.5	0.3	0.4
可食用甘油	1	2	1.5
水	加至 100	加至 100	加至 100

制备方法　将冰乙酸加入水中配成溶液，羧甲基壳聚糖和甘油加入冰乙酸水溶液中超声搅拌至溶解，然后与苯乳酸浓缩液混合均匀即得樱桃涂膜保鲜剂。

原料介绍

苯乳酸浓缩液的制备：将接菌量为 5%～10% 的植物乳杆菌 LDL.0001 接种

到添加有 0.3% 苯丙酮酸钠的 MRS 培养基中，非恒定 pH 发酵，保持培养基初始 pH 为 5.8～6.2，30℃培养 48h，发酵液于 4℃下经 10000r/min 离心 15min 后取上清液，经乙酸乙酯萃取得到苯乳酸含量 20.0g/kg 以上的苯乳酸浓缩液；萃取时，上清液用 4 倍体积的乙酸乙酯萃取 3 次，旋蒸干燥后加入无菌水到原上清液体积的 1/10 得到苯乳酸浓缩液。

产品应用 本品主要是一种樱桃涂膜保鲜剂。

樱桃涂膜保鲜剂的使用方法：

（1）采摘樱桃，保留果柄，剔除机械损伤和腐烂果品，挑选色泽均匀产品，采摘 3h 内运输到保鲜处理车间；

（2）将步骤（1）采摘的樱桃预冷到 2～5℃，然后浸入涂膜保鲜剂中 1～2min，涂膜后的樱桃经冷风干燥后，立即装入垫有吸水纸的可发性聚苯乙烯包装盒内；

（3）将包装好的樱桃置于 -1～1℃冷库中储存。

产品特性

（1）本品涂膜樱桃后，在樱桃表面形成一层保护膜，可抑制霉菌引起的腐烂，形成的保护膜也可以减缓呼吸强度和乙烯的释放，从而延缓樱桃的成熟和衰老，延长保鲜期。

（2）与化学保鲜剂相比，本品中的保鲜剂选用的抑菌物质为苯乳酸和羧甲基壳聚糖，它们可有效抑制霉菌引起的樱桃腐烂；保鲜剂中的羧甲基壳聚糖和苯乳酸浓缩液可在樱桃表面形成一层保护膜，其中的苯乳酸可直接抑制霉菌的生长和繁殖，且该保护膜可阻碍樱桃与空气的接触，降低呼吸强度和乙烯的释放，从而延长樱桃的保鲜期，并在储运期间保持良好的色泽和品质。

（3）环保且安全。该樱桃保鲜剂的基础是乳酸菌发酵产物，乳酸菌是从发酵樱桃酒中分离得到的，由该乳酸菌发酵得到的发酵液本身是安全的；保鲜剂中的羧甲基壳聚糖由海洋动物的贝壳加工而成，本身也是安全的。制作保鲜剂的原料是动物和微生物的天然产物，既环保又安全。

（4）使用该樱桃涂膜保鲜剂低温保鲜樱桃比普通低温保鲜方法延长保鲜期 20 天以上。

配方 7 樱桃专用抑菌保鲜剂

原料配比

原料	配比（质量份）		
	1#	2#	3#
长裙竹荪浸出液	15	25	20
竹醋液	15	25	20

续表

原料	配比(质量份)		
	1#	2#	3#
甘草提取液	10	15	12
魔芋粉	8	12	10
苹果酸	3	5	4
肉桂醛	3	5	4
脯氨酸	1	2	1.5
维生素 C	2	4	3
B 族维生素	2	4	3
磷脂	1	2	1.5
甲壳素	2	4	3
氧化钙	10	15	12
蒸馏水	150	170	160

制备方法　将长裙竹荪浸出液、魔芋粉、苹果酸、肉桂醛、脯氨酸、甘草提取液、维生素 C、B 族维生素、磷脂、氧化钙和蒸馏水混合，搅拌 15～25min，之后升温至 50～55℃，加入甲壳素搅拌 10～12min，冷却至室温加入竹醋液搅拌均匀即可。

产品应用　本品主要是一种樱桃专用抑菌保鲜剂。

使用时，将樱桃放入本品中，浸泡 5～10min 取出即可。

产品特性　本品配制简单、使用方便、保鲜效果好，长裙竹荪浸出液的添加能较好地抑制大肠杆菌、毛霉等菌种的繁殖，可以使樱桃保鲜期延长至 20 天以上。

配方 8　用于甜樱桃保鲜的保鲜剂

原料配比

原料	配比(质量份)		
	1#	2#	3#
无花果叶提取物	20	10	15
紫苏叶蒸馏液	7	3	5
全氟烷基的丙烯酸系添加剂	13	7	10
薰衣草提取液	44	36	40
竹醋液	25	15	20
鼠尾草提取物粉末	32	15	23.5

续表

原料	配比(质量份)		
	1#	2#	3#
茶多酚	4	2	3
乙基纤维素	6	3	4.5
魔芋胶	6	4	5
聚乙烯吡咯烷酮	4.5	2.5	3.5
柠檬酸	6	3	4.5
蔗糖酯	0.2	0.1	0.15
二丁基二硫代氨基甲酸	8	3	5.5

制备方法

（1）将采集的无花果叶片用清水反复冲洗干净晾干，于80℃恒温干燥箱干燥至恒重，粉碎成粉末，过80目筛，用5倍体积的90%有机溶剂水溶液室温冷浸三次，每次18h，过滤，浓缩滤液，得膏状物，并回收溶剂；然后将所得的膏状物用适当的水分散后，依次用二氯甲烷、乙酸乙酯分别萃取三次，并将所得的滤渣部分继续用水冷浸提取三次，每次20h，合并所有浸提液，得无花果叶提取物。

（2）将采集的紫苏叶用清水反复冲洗干净晾干，置于汽爆罐内，通入氮气至汽爆罐内压力为0.6～1.4MPa，爆破处理7～23min后，室温浓缩至相对密度1.10～1.20，喷雾干燥，得干粉；精确称取10.0g所得干粉于100mL的三角瓶中，以料液比1g∶10mL，加入质量分数为70%的乙醇，置于超声波细胞粉碎仪中，35℃提取30min；提取完成后吸取三角瓶上部提取液放入旋转蒸发仪进行减压蒸馏，排除提取溶剂70%乙醇的影响，蒸馏后用高纯水定容，得紫苏叶蒸馏液。

（3）将干燥的薰衣草用闪式提取器处理，所得提取液先用武火加热，沸腾后用文火加热1.3～1.5h，中空纤维超滤膜过滤，得薰衣草提取液。

（4）将鼠尾草干燥粉碎后，向粉体中加入3～8倍水，按质量分数为2%～3%的比例加入中性蛋白酶，按质量分数为1%～2%加入风味蛋白酶，30～50℃下酶解1～2h，过滤，得酶解液；将所得的酶解液迅速冷冻后再自然解冻，使提取物中淀粉老化沉淀；收集上清液，剩余部分离心，收集离心液体并合并于上清液中；将上清液以3～7BV/h的流速通过大孔树脂柱，动态吸附饱和后，用去离子水以5～8BV/h的流速淋洗上述大孔树脂柱至流出液无色，再用体积分数为50%～70%的有机溶剂以8～12BV/h的流速洗脱，收集洗脱液，冷冻干燥，得鼠尾草提取物粉末。

（5）称取步骤（1）所得的无花果叶提取物 10～20 份，步骤（2）所得的紫苏叶蒸馏液 3～7 份、全氟烷基的丙烯酸系添加剂 7～13 份，步骤（3）所得的薰衣草提取液 36～44 份、竹醋液 15～25 份，步骤（4）所得的鼠尾草提取物粉末 15～32 份、茶多酚 2～4 份、乙基纤维素 3～6 份、魔芋胶 4～6 份、聚乙烯吡咯烷酮 2.5～4.5 份、柠檬酸 3～6 份、蔗糖酯 0.1～0.2 份、二丁基二硫代氨基甲酸 3～8 份置于混合搅拌机中充分混合后，装瓶，得成品。

原料介绍

所述植物性乳酸菌：长孢洛德酵母：酵素菌的质量比为 3：5：1。

所述有机溶剂为天然来源的松节油衍生物。

所述松节油衍生物为蒎烯的异构、歧化产物。

产品应用 本品主要是一种用于甜樱桃保鲜的保鲜剂。

使用方法：将所得的保鲜剂涂抹在甜樱桃的表面，贮存 90 天（3 个月）果实颜色鲜亮，果实新鲜，无干瘪，无锈斑，少量腐烂。

产品特性 乙基纤维素、魔芋胶和聚乙烯吡咯烷酮在分子间力的作用下，各分子链相互交联成膜，结合二丁基二硫代氨基甲酸的促进作用，形成具有一定柔韧性的高分子复合膜，覆盖在水果表面；能够降低膜间的粘黏，提高膜对水汽和空气的阻隔性；引入全氟烷基的丙烯酸系添加剂作为耐化学品改性剂，该添加剂的迁移效率极高，在高分子复合膜成型的过程中即可完全迁移到表面形成一种保护膜，这层保护膜和水不相容且具有较强的耐酸碱的性能，耐腐蚀性能强；同时保鲜剂中的无花果叶提取物、鼠尾草提取物粉末、茶多酚、柠檬酸在乙基纤维素、魔芋胶和聚乙烯吡咯烷酮成膜过程中，与三种高分子物质形成一体，通过无花果叶、茶多酚和鼠尾草提取物的防腐抗菌作用、柠檬酸的抗氧化作用，进一步增加水果保鲜剂所形成的高分子膜的保鲜作用；蔗糖酯具有乳化、分散、增溶、保湿等多种性能；将涂膜保鲜和生物保鲜有机结合，能够降低膜间的粘黏，提高膜对水汽和空气的阻隔性，保鲜期长，无毒、安全、不会带来药害，且具有抑制病原、保持感官品质、使用时操作方便、释放期长的优点。

配方 9 用于樱桃的天然保鲜剂

原料配比

原料	配比（质量份）	原料	配比（质量份）
藿香提取物	6	低聚壳聚糖	1
马齿苋提取物	3	乙醇	20
薄荷提取物	3	水	加至 100

制备方法 首先分别将藿香提取物、马齿苋提取物、薄荷提取物充分溶解于

乙醇，将低聚壳聚糖溶于水，然后将藿香提取物、马齿苋提取物、薄荷提取物的乙醇溶液倒入低聚壳聚糖水溶液，充分混匀即得到本产品。

产品应用 本品主要是一种用于樱桃的天然保鲜剂。

产品特性 本品天然绿色无公害，制作简便易行，成本低廉，广谱抑菌，能够有效提高樱桃的贮藏期。

配方 10 有机樱桃的保鲜剂

原料配比

原料		配比（质量份）		
		1#	2#	3#
香茅精油		3.5	2	5
乳化剂	硬脂酰乳酸钠或硬脂酰乳酸钙	14	8	20
助乳化剂	乙醇	7.5	5	10
水		45	30	60

制备方法 将各组分原料混合均匀即可。

原料介绍

所述香茅精油由以下步骤制备而成：

（1）将洗净的香茅叶在 58～68℃烘干到含水率在 8%～12%，将烘干的香茅叶粉碎后过 40～80 目筛；

（2）将步骤（1）中粉碎后的香茅叶和乙醇放入索氏提取器抽提，提取的混合液除去乙醇后的液体为香茅精油。

产品应用 本品主要是一种有机樱桃的保鲜剂。

保鲜方法：采用压力脉动涂膜处理，将有机樱桃放入保鲜剂中完全浸泡，施加的脉动比为 25～45min：32～56min，所述脉动比为高压保持时间与低压保持时间之比，所述高压为 140～220kPa，所述低压为 0kPa，浸泡温度为常温，浸泡时间为 2～4h，浸泡完的有机樱桃装箱 4～8℃冷藏保存。

产品特性

（1）植物精油有抑菌作用，但浓度过高会对细胞膜有破坏作用，本品以合理配方制得的有机樱桃的保鲜剂，在较低的香茅精油浓度下，细胞膜没有发生破损，但使磷和钾离子渗出，从而改变了微生物的质子动力，因此能有效消灭微生物。香茅精油中含有大量酚类和萜类成分，能够较好地抑制常见病原菌的生长，且无抗药性，安全、无毒，能有效降低有机樱桃在贮存过程中的腐烂率。通过试验得出本品的有机樱桃的保鲜剂对扩展青霉、链格孢和灰葡萄孢的抑制率很高，3 天时分别能达到 95.3%、81.6%和 73.3%。

（2）本品中添加乳化剂和助乳化剂，能大大提高微乳体系中油相的增流量，因此能增强保鲜剂在樱桃表面的附着效果。

（3）本品的配方简单、安全、成本低、制作方便，且保鲜效果好，稳定性高，符合水果保鲜剂对绿色、环保、低碳的要求，是容易实现的天然保鲜剂。

3.6　芒果保鲜剂

配方 1　芒果防腐保鲜剂

原料配比

原料		配比（质量份）	
		1#	2#
丁香、松针和柚皮提取物	丁香	30	20
	松针	30	35
	柚皮	45	40
	95％的乙醇溶液①	120	120
	95％的乙醇溶液②	80	80
丁香、松针和柚皮提取物		12	16
壳聚糖		8	6
纳他霉素		0.4	0.3
柠檬酸		3	3.5
植酸		5	5
水		71	69.2

制备方法

（1）分别称取丁香、松针、柚皮，洗净晾干，用粉碎机粉碎；

（2）加入含量为95％的乙醇①浸泡24h左右，过滤，滤渣加入乙醇②浸泡24h左右，过滤，所得滤液合并，减压浓缩，回收溶剂得浸膏，将浸膏真空干燥得到粉末状提取物；

（3）称取提取物、壳聚糖、纳他霉素、柠檬酸、植酸、水，混合均匀，得到芒果防腐保鲜剂。

产品应用　本品主要用作芒果防腐保鲜剂。

使用方法：将所制保鲜液稀释5～10倍，将芒果浸泡于该保鲜液中5～8min，捞起晾干，封装入小纸袋内，置入10～15℃环境中贮藏，保鲜期达到60天以上，好果率高于95％，失水率低于2.5％。

产品特性

(1) 本产品安全、无毒，广谱抑菌杀菌性能好。

(2) 本保鲜剂能更好地防止水分散发。

(3) 有效防止腐烂、萎蔫和霉烂。

(4) 原料来源广泛，操作简单，成本低廉。

配方 2　芒果涂膜防腐保鲜剂

原料配比

原料		配比(质量份)			
		1#	2#	3#	4#
涂膜剂	葡甘聚糖	1	1.5	—	0.5
	壳聚糖(脱乙酰度为95%)	0.5	—	0.25	1
疏水成分	蔗糖脂肪酸酯	1	—	0.5	—
	单硬脂酸甘油酯	—	0.5	—	1
增塑剂	山梨醇	1	1	1	1
交联剂	氯化钙	1	0.5	—	—
	柠檬酸钙	—	—	1	0.5
防腐剂	25%施保克乳油500倍液	0.05	—	—	—
	山梨酸钾	0.1	0.1	0.1	0.1
	70%代森锰锌可湿性粉剂700倍	—	0.05	—	—
	70%代森锰锌可湿性粉剂1000倍	—	—	—	0.07
	扑海因	—	—	0.05	0.03
植物生长调节剂	赤霉素	0.005	0.01	0.005	0.005
	维生素K	0.05	0.025	0.05	0.05
水		加至100	加至100	加至100	加至100

制备方法

(1) 用水溶解各组分，搅拌 10～30min、50～500 转，分别进行常压乳化，搅拌混合均匀。

(2) 搅拌混合后的混合液经 50～90℃、5～90MPa 均质、在 0.05～0.1MPa 下真空脱气后灌装。

产品应用　本品主要用作芒果防腐保鲜剂。

保鲜剂用于芒果采后处理的方法包括以下步骤：

(1) 清洗及热处理：采后芒果果实在 50～55℃热水中清洗浸泡 10～30min，以控制炭疽病的发生。所述采后芒果果实在采前经过病害防治处理，从花芽萌发开始，每 2 周喷药一次，可轮换使用以下药剂的任何一种：1:1:100 的波尔多液；70%甲基托布津 1000 倍稀释液；50%多菌灵 500 倍稀释液；75%～80%代森锰锌可湿性粉剂 800 倍稀释液。在结果期，幼果阶段间隔 15～20 天喷 1 次，其所用药种类与花期相同；于采前 2 周、1 周分别对叶面喷施固体质量比为 1∶1 的磷酸钙和碳酸钙混合物。

（2）防腐涂膜剂处理：热水处理后的果实浸渍于芒果防腐保鲜剂中 5～10min，或将芒果防腐保鲜剂直接涂膜于果实上。

（3）乙烯抑制剂处理：在 20℃ 的室温下用 1～40μL/L 的 1-甲基环丙烯密闭处理 0.5～48h，然后通风。

（4）包装、预冷和入库：包装后于 10～12℃ 的环境下贮藏，保持相对湿度在 85%～90%。

采收成熟度以八成半至九成为宜，采收果实时要轻拿轻放，尽可能不碰伤果面，至少留长果柄 1cm，尽可能避免汁液沾污果皮，凡被胶液污染的果实，应该及时用洗涤剂清洗，不然果实上有胶液流过的地方很快变黑腐烂，影响果实的外观品质和贮藏寿命。

包装时，依照芒果的品种、形状、色泽、成熟度、病虫害的有无等条件区分等级，并以果实的大小及品质的好坏，分别包装予以标示。用透气的棉筋纸逐个包裹，仔细装箱或放在果筐内，放置旧报纸垫底，其上再放纸丝，而后整齐地排列一层芒果，在第一层完成后，层上再放报纸保护，再如第一层般放置第二层，装果量以 5～20kg 为宜。用饱和的高锰酸钾吸附在蛭石、沸石或珍珠岩等载体上，装入小纸袋内，放置于包装盒或包装箱内。

产品特性

（1）本产品可在果蔬表面形成一层薄膜，抑制水分的蒸腾作用，抑制呼吸作用，并在果实表层形成一个微气调小环境，其中的杀菌成分可减少因芒果的炭疽病、蒂腐病而导致的腐烂，从而达到保鲜的目的。

（2）本品操作简便，容易控制操作条件，较传统的处理方法效率高；保鲜效果好，经处理后可较好地保持果实的外观；贮藏期长，经处理后的果实在常温条件下可贮藏 20 天，低温下可贮藏 30 天以上。

配方 3　蔗糖酯芒果保鲜剂

原料配比

原料	配比（质量份）		
	1#	2#	3#
蔗糖酯	15	11	20
木质素	7	10	5
纤维素	6	3	7

原料	配比（质量份）		
	1#	2#	3#
溶菌酶	3	5	1
酒石酸钠	0.8	0.5	1.5
山梨酸钠	0.6	0.9	0.4
苯甲酸钠	0.4	0.2	0.6
亚硫酸盐	0.7	0.8	0.4
水	190	185	200

制备方法 将各组分原料混合均匀即可。

产品应用 本品主要是一种芒果保鲜剂。

应用方法是将芒果放入芒果保鲜剂中，静置 3～5min 取出。

产品特性 本品制备方法简单、配方合理、成本低廉、使用时操作方便、效果均匀、保鲜效果好，与使用传统保鲜剂相比，水果的保鲜期延长 25% 以上，另外，木质素的加入能使其他成分缓慢释放，维持均匀持续保鲜。

配方 4 天然提取物芒果保鲜剂

原料配比

原料	配比（质量份）		
	1#	2#	3#
滇黄精	10	12	15
蒲桃	5	7	10
玉竹	2	6	8
沿阶草	3	4	6
齐头绒	1	5	6
高良姜	1	4	5
95%甲醇	适量	适量	适量
90%乙醇	适量	适量	适量
丙酮	适量	适量	适量

制备方法

（1）称取：按质量份计，称取各个原料组分。

（2）甲醇提取：将称取好的滇黄精和玉竹混合粉碎并过筛 40 目得第一混合粉末，将所述第一混合粉末和 95% 甲醇按 1g∶6mL 的比例混合搅拌至均匀后，于 60℃下提取 5h，抽滤，重复提取 2～3 次，合并所有滤液，将所得滤液经过第一减压浓缩至呈膏状，得第一提取物；减压浓缩的条件为：温度 80℃，转速 15r/min，压力 0.09MPa。

（3）乙醇提取：将称取好的蒲桃和齐头绒混合粉碎并过筛 20 目得第二混合粉末，将所述第二混合粉末和乙醇按 1g∶4mL 的比例混合搅拌至均匀后，于 63℃下提取 4h，抽滤，重复提取 2～3 次，合并所有滤液，将所得滤液经过第二减压浓缩至呈膏状，得第二提取物。

（4）丙酮提取：将称取好的沿阶草和高良姜混合粉碎并过筛 40 目得第三混合粉末，将所得第三混合粉末和丙酮按 1g∶（6～8）mL 的比例混合搅拌至均匀后，于 55℃下提取 4～5h，抽滤，重复提取 2～3 次，合并所有滤液，将所得滤液经过第三减压浓缩至呈膏状，得第三提取物。

（5）合并：将上述所得第一提取物、第二提取物和第三提取物混合得总提取物，将所述总提取物和蒸馏水混合搅拌至均匀，得质量浓度为 25～35g/L 的保鲜剂。

原料介绍

所述乙醇中添加有体积分数为 0.5% 的盐酸，所述乙醇和所述盐酸的体积比为（6～8）∶1。

产品应用　本品主要是一种芒果保鲜剂。

产品特性

（1）本品采用滇黄精、蒲桃、玉竹、沿阶草、齐头绒和高良姜进行搭配，各个成分之间相互搭配，有效抑制了芒果贮存过程中细菌的滋生，降低了芒果营养的损失，芒果保鲜效果好。

（2）本品针对不同原料特性采用不同的方式来进行提取，有效提升了原料的提取效果，提取得到的有效成分含量高，比全部混合一起提取效率提高了 11.5%～13.8%，从而提升了保鲜剂的保鲜效果。

配方 5　低成本芒果保鲜剂

原料配比

原料	配比(质量份)		
	1#	2#	3#
过氧化钙	2	2.8	1.1
谷氨酸	2.5	1.3	4.7
柠檬酸	5.5	7	2.6
醋酸	6	3.8	7.5
苯甲酸钠	2.2	3.2	0.9
甲壳素	11	6	14
木质素	8.3	8.4	5
水	120	110	130

制备方法 将各组分原料混合均匀即可。

产品应用 本品主要是一种芒果保鲜剂。

产品特性 本品制备方法简单、配方合理、成本低廉、使用时操作方便、效果均匀、保鲜效果好，水果的保鲜期延长20%以上。

配方6 含植物提取液的芒果保鲜剂

原料配比

原料		配比(质量份)		
		1#	2#	3#
植物提取液	丁香	2	5	7
	夏枯草	1	5	6
	肉桂	2	3	5
	旋覆花	2	3	7
	剑麻	1	2	4
草酸		1	1.8	3
阿魏酸		1	1.5	2
苯醚甲环唑		0.001	0.002	0.004
苯丙氨酸		0.5	0.8	1.5
色氨酸		1	1.4	1.5
木兰花碱		0.1	0.2	0.8
植物提取液		2	4	5
乙醇		适量	适量	适量
水		适量	适量	适量

制备方法 将称取好的木兰花碱溶于乙醇后，与称取好的草酸、阿魏酸、苯醚甲环唑、苯丙氨酸、色氨酸和植物提取液混合，并加水搅拌完全溶解，即得质量分数为8%～12%的芒果保鲜剂。

原料介绍

所述植物提取液由以下方法制备得到：按质量份计，称取丁香、夏枯草、肉桂、旋覆花和剑麻，将称取好的原料混合均匀后加入体积为药材总体积5～8倍的乙醇，采用超声波处理20～30min后，过滤浓缩即得所述植物提取液。

产品应用 本品主要是一种芒果保鲜剂。

产品特性 本品各个成分相互作用，一方面降低了芒果的蒸腾作用和蒸汽作用，从而有效减少了芒果的水分损失，降低了失重率；另一方面有效抑制芒果贮藏时的呼吸强度，采用本品芒果保鲜剂处理后的芒果有效延缓了芒果的后熟速度，同时，增强了对病菌的抑制率，尤其是增强了对芒果炭疽病和蒂腐病病菌的抑制率，本品芒果保鲜剂对炭疽病菌和蒂腐病菌的抑制率分别达到 89.35％ 和 86.43％，从而有效降低了芒果在贮藏时的发病率，提升好果率。本品保鲜效果好，可有效延长芒果的保鲜时间。

配方 7　芒果用保鲜剂

原料配比

原料		配比（质量份）		
		1#	2#	3#
氯化钠溶液		7.5	3	2.8
艾叶提取液		30	25	20
鱼腥草提取液		30	25	20
芦荟提取液		10	15	18
中药提取液		5	7	10
淀粉乳液		10	15	18
纳米 TiO_2		0.5	1	1.2
水		7	9	9
中药提取液	山苍子	1	2	3
	甘草	2	3	5
	龙眼皮	3	4	6
	防风	2	5	8
	薄荷叶	3	4	7

制备方法　将各组分混合均匀即可。

原料介绍

所述艾叶提取液按以下方法制备得到：取艾叶，将艾叶放入研磨机中研磨过 1000 目筛，得艾叶粉，而后按艾叶粉与水的质量比（1～2）∶5 浸泡于去离子水中 3h，然后加温至 80℃，煎煮 1～1.5h，过滤取滤液，备用，药渣再加入药渣总质量 3～5 倍的水，然后加温至 85℃，煎煮 2～3h，过滤取滤液，合并滤液即得艾叶提取液；

所述鱼腥草提取液制备方法如下：将鱼腥草用紫外线杀菌 20min，然后磨碎成粉，在粉中加入乙醇，接着放入到高速搅拌机中，转速为 8000r/min，搅拌 30min，再加入鱼腥草 5 倍质量的水，恒温 90℃ 加热，不断搅拌，持续 60～90min，过滤取滤液即可制得；

所述芦荟提取液按以下方法制备获得：取芦荟，加水，超声破碎，打浆后在搅拌速度为 60～80r/min 下浸泡 20～25 天，得到芦荟提取液；

所述中药提取液的制备步骤为：按质量份称取中药材山苍子、甘草、龙眼皮、防风、薄荷叶，粉碎过 300 目筛，再加入质量为中药材总质量 5～7 倍的山泉水，浸泡 30min 后加热煎煮 30～60min，过滤，滤渣再加质量为中药材总质量 6～8 倍的水，加热煎煮 30～60min，过滤，合并两次滤液。

产品应用　本品主要是一种芒果的保鲜剂。

使用方法如下：

（1）芒果的消毒杀菌及分拣：把芒果放进高氯酸和乙酸混合溶液中浸泡 5～10min，再用清水漂洗 1～2 次，室温下晾干，除去腐烂损伤果实。

（2）将芒果浸入保鲜涂膜剂中，浸涂，晾干，在芒果表面得到一层薄膜。

（3）纸袋处理及装袋：装果纸袋经浓度为 0.05%～0.1% 聚丙烯酸钠溶液喷布晾干得到，再将芒果装入袋中。

产品特性　单一的中药提取物能抑制某些腐烂微生物的繁殖和生长，但其抑菌范围有限，本产品将几种抑菌效果优良的中药提取物结合起来能大大提高其抑菌范围，有效防止芒果的衰变、变质等。另外，氯化钠可以起到杀菌和护色的作用；淀粉乳液为成膜物质，具有优异的成膜性和凝胶性，是无毒、无色、无味、可食用多糖胶质，安全性高，提取也较容易；纳米 TiO_2 具有良好的护色、保鲜及防腐性能，降低 O_2 和水蒸气的透过量，几乎不影响 CO_2 的透过量，达到果蔬的气调功能。本产品将艾叶提取液、鱼腥草提取液、芦荟提取液、中药提取液、成膜物质以及纳米材料结合起来可以很好抑制采后微生物的繁殖，抑制芒果的呼吸强度，减少呼吸消耗，控制芒果水分的散失，延长芒果的保存寿命。

配方 8　含茶多酚的芒果保鲜剂

原料配比

原料	配比（质量份）		
	1#	2#	3#
蔗糖酯	15	11	19
山梨酸钠	10	15	6
柠檬酸	30	25	34
羧甲基纤维素	20	24	16
茶多酚	25	21	29
黄芪多糖	5	9	3

制备方法　将各组分原料混合均匀即可。

产品应用　本品主要是一种优质持久的芒果保鲜剂。

产品特性　本品保鲜效果好，生产成本低，安全无毒，各有效成分协同增效，能有效降低采后芒果炭疽病的发生，符合果蔬保鲜的绿色环保要求。

配方 9 植物源芒果防腐保鲜剂

原料配比

原料	配比（质量份）			
	1#	2#	3#	4#
腺叶桂樱精油	0.5	1	0.5	1
桉叶油	1	2	2	1
樟树精油	1	2	1	2
维生素 C	1	2	1	2
阿魏酸	0.5	1	1	1
海藻酸钠	2	5	3	2
脂肪醇聚氧乙烯醚（AEO-9）	1	2	1	2
脂肪醇聚氧乙烯醚硫酸钠（AES）	1	2	2	2
水	92	83	88.5	83

制备方法 按配比将维生素 C、阿魏酸和海藻酸钠用适量水溶解，随后加入腺叶桂樱精油、桉叶油、樟树精油与脂肪醇聚氧乙烯醚（AEO-9）、脂肪醇聚氧乙烯醚硫酸钠（AES）混合，补充余量水，搅拌均匀即可。

产品应用 本品主要是一种植物源芒果防腐保鲜剂。

产品特性 本品以植物源精油为主要成分，添加维生素 C、脂肪醇聚氧乙烯醚等，具有较好的芒果保鲜效果。本品对环境友好，无化学残留，使用方法简便。

配方 10 专用于芒果保鲜剂

原料配比

原料		配比（质量份）				
		1#	2#	3#	4#	5#
发酵液	金钱草	25	30	37	45	50
	决明子	40	35	30	25	20
	石榴皮	15	19	23	27	30
	山楂叶	20	17	14	11	8
	酵母菌	0.13	0.1	0.07	0.04	0.01
	水	适量	适量	适量	适量	适量
脱色处理剂	活性炭	3	4	5	6	3
	活性白土	1	1	1	1	1
发酵液		1	1	1	1	1
水		60	55	50	45	40

制备方法

(1) 称取以下原料：金钱草、决明子、石榴皮、山楂叶。

(2) 将全部原料粉碎至 80～120 目。

(3) 加入全部原料质量 6～10 倍的水，搅拌均匀，浸泡；浸泡 20～30min。

(4) 再加入全部原料质量 0.01％～0.13％的酵母菌，发酵；在 30～35℃下，密封发酵 20～28h。

(5) 过滤，加入脱色处理剂进行脱色处理，得到发酵液。

(6) 将发酵液兑水，即可。兑水时，发酵液和水质量比为 1∶(40～60)。

产品应用 本品主要是一种专用于芒果的保鲜剂。

产品特性

(1) 本品使用中药原料制备，无毒副作用，绿色环保，且制备得到的成品无色无中药味，不影响芒果的外观口感。

(2) 本品方法制备得到的保鲜剂，成本低，且方法简单易行，保鲜性价比高。

配方 11 长效芒果保鲜剂

原料配比

原料	配比/(g/mL)			
	1#	2#	3#	4#
杜仲叶乙醇提取物保鲜液	2	1	3	1.5
蛋壳膜粉末	20	10	30	20
薄荷提取液	0.3	0.1	0.5	0.4

制备方法

(1) 杜仲叶乙醇提取物的制备：将杜仲叶粉碎后，以料液比 1∶(15～20)g/mL 向其中加入体积分数为 30％的乙醇溶液并进行减压提取，直至浓缩液为初始加入的乙醇溶液总体积的 40％～50％，得到杜仲叶乙醇提取物浓缩液；所述减压提取的具体方法包括：首先将杜仲叶于乙醇溶液中 65～75℃下浸泡 0.3～0.7h，然后于温度 50～56℃、转速 50～55r/min 和压力 0.08～0.09MPa 下提取一段时间。

(2) 杜仲叶乙醇提取物保鲜液的制备：取步骤 (1) 得到的杜仲叶乙醇提取物浓缩液，依照体积比 (1～3)∶100 将所述杜仲叶乙醇提取物浓缩液溶解于水中，得到杜仲叶乙醇提取物保鲜液。

(3) 取蛋壳膜粉碎，并将其加入步骤 (2) 中得到的杜仲叶乙醇提取物保鲜液中，使其终浓度为 0.1～0.3g/mL。

（4）取薄荷叶置于体积分数为 70% 的乙醇溶液中，料液比为 1∶(20～25)g/mL 在 90～120℃ 条件下回流提取 3～5h，得到提取液，之后将提取液浓缩至约为所采用乙醇溶液总体积的 20%，得到薄荷提取液。

（5）将所述薄荷提取液加入所述杜仲叶乙醇提取物保鲜液中，得到芒果保鲜剂。

产品应用　本品主要是一种芒果保鲜剂。

产品特性　蛋壳膜富含角蛋白且坚韧，并能透气，将其制成粉末，与薄荷和杜仲叶乙醇提取物一起使用，能有效增强果实在常温条件下的耐贮藏能力。本品以杜仲叶乙醇提取物保鲜液作为保鲜剂对采后新鲜芒果进行防腐保鲜，最大程度上减少了保鲜剂的残留危害，并且最大限度地保持了芒果的营养成分和新鲜程度，延缓其新陈代谢的过程，延长芒果的贮藏寿命。

3.7　梨用保鲜剂

配方 1　黄冠梨保鲜剂

原料配比

原料	配比（质量份）						
	1#	2#	3#	4#	5#	6#	7#
水杨酸	0.5	0.5	0.5	15	15	15	5
芸苔素内酯	0.005	0.015	0.01	0.005	0.01	0.015	0.01
乙醇	1	3	1	8	8	8	3
十二烷基硫酸钠	1	2	1	4	5	5	3
水	加至 100	加至 100	加至 100	加至 100	加至 100	加至 100	加至 100

制备方法　先用乙醇溶解芸苔素内酯，加入水和水杨酸混匀，再加入十二烷基硫酸钠溶解并混匀，过滤，得到成品，经分装，即为成品。

产品应用　本品主要用作黄冠梨保鲜剂。

应用方法：使用时将保鲜剂用水稀释 500～1000 倍，在黄冠梨采前喷施两次。两次喷洒分别为在黄冠梨采收前 14～20 天开始喷施第一次保鲜剂，在黄冠梨采收前 7～10 天开始喷施第二次保鲜剂。黄冠梨采前喷施选择优选的果实，在采前 7～20 天内，如有大雨降温天气，选择在雨前 12～48h 施用。所述喷施是指使用喷雾器或相类似的设备进行喷雾，喷雾施用时对果实、叶片进行喷雾，一般情况下对长有果实的整株果树进行喷施，也可以只对果实生长部位进行喷施。

产品特性

（1）本品对黄冠梨采前鸡爪病防治效果好，可诱导并增强果实的抗性，从而提高果实应对逆境的能力，达到抗逆并增产的作用；

（2）本品采前处理黄冠梨后，能够降低黄冠梨鸡爪病的发生率，提高黄冠梨采后耐贮性；

（3）本产品制备方法简单，原料易得，安全性高，效果显著。

配方 2　梨用漂白紫胶纳米保鲜剂

原料配比

原料		配比（质量份）	
		1#	2#
24%漂白紫胶水溶液		8.3	62.5
二氧化硅纳米材料		0.8	0.1
胡椒提取物		2.0	10.0
百部提取物		10.0	2.0
厚朴提取物		2.0	10.0
脱氢醋酸钠		2	0.5
赤霉素		0.005	0.02
水		加至100	加至100
24%漂白紫胶水溶液	漂白紫胶	24	24
	丙二醇	12	12
	油酸	6.46	6.46
	氢氧化钠溶液	适量	适量
	水	加至100	加至100

制备方法　先在二氧化硅纳米材料中加入适量的水，高速搅拌10min，再加入24%漂白紫胶水溶液，充分混合均匀后，加入胡椒提取物、百部提取物、厚朴提取物、脱氢醋酸钠、赤霉素混合均匀，即可。

所述24%漂白紫胶水溶液经过下列方法制得：先将丙二醇加热至110℃，加入漂白紫胶充分搅拌，待胶全部溶化后，温度降至100℃时，加入油酸混合均匀，待温度继续降至70～80℃时，用浓度为1%～3%的氢氧化钠溶液调节漂白紫胶溶液pH值至7.5～8.0，然后加入余量水混合，制得漂白紫胶含量为24%的水溶液。

所述胡椒提取物、百部提取物、厚朴提取物经现有技术的下列方法获得：将胡椒、百部、厚朴天然植物材料分别进行原料粉碎，并使之过20目筛；在粉碎的原料中加水或乙醇浸泡 1～3h，超声波提取或加热回流提取 30～60min，之后进行真空抽滤，重复提取 3 次，合并滤液，进行真空浓缩，得浓度为 1g/mL 的植物抑菌剂（即每 1g 原料提取浓缩为 1mL 提取液）。

产品应用　本品是一种梨用保鲜剂。

梨保鲜方法：用保鲜剂对梨进行涂膜，涂膜方法可用手工涂膜或机械涂膜，然后晾干或机械吹干，纸箱包装，于室温下贮藏即可。

产品特性　本产品进一步改善了漂白紫胶膜的成膜性，提高了膜的气调能力，并使其具有较好的保水性能、防腐抗病性能的同时，还能较好地对二氧化碳等气体进行选择性透过，可有效避免果实被二氧化碳伤害。涂膜保鲜后，梨可在常温、不需要任何冷藏设备的条件下，贮藏 90～100 天，且商品率达 90%，失水率≤10%，另外保鲜剂中的配料均为天然物质和食品添加剂，无毒性残留，不会造成环境污染，不仅有效抑制了梨果实水分的损失、降低了呼吸强度、延缓了果实的后熟，同时抑制了因病原菌和腐败菌的浸染而造成的大量腐烂，而且漂白紫胶在果实表面形成的膜改善了果实的外观，提高了商品价值，可有效延长梨的贮藏期及货架期。

配方 3　防止鲜切鸭梨褐变的保鲜剂

原料配比

原料	配比（质量份）		原料	配比（质量份）	
	1#	2#		1#	2#
普鲁兰多糖	0.1	3	柠檬酸	4	3
维生素 C	2	2			

制备方法　将一定量的普鲁兰多糖溶于纯净水中，充分搅拌，待其完全溶解后，加入一定量的维生素 C 和柠檬酸，充分混匀，即得成品。

产品应用　本品主要是一种防止鲜切鸭梨氧化褐变的保鲜剂。

防止鲜切鸭梨褐变的方法：鸭梨果实经挑选、清洗、去皮切分后，在上述保鲜剂中浸泡 3～10min，将处理后的果实沥水晾干，再经包装，贮藏于 2～6℃ 环境中即可。

产品特性

（1）安全性高：所用多糖来源天然，食用安全性高，不被人体消化吸收，不产生热量。其他组分均为常用的食品添加剂或营养补充剂，使用浓度远低于规定的标准。同时不含亚硫酸盐，避免了含硫化合物对果实营养物质的破坏和人体的伤害。

（2）制备方法和使用方法简单：普鲁兰多糖易溶于水，可以直接浸泡或喷涂于果实表面，操作简便。

（3）改善果实外观：所形成的薄膜无色透明，不但不影响果实外观，还可以为产品增添光泽。

配方4　含有植物提取物的洞冠梨专用保鲜剂

原料配比

原料	配比（质量份）		
	1#	2#	3#
藤茶提取物	80	60	90
迷迭香提取物	50	40	60
金银花提取物	50	40	60
葡萄籽提取物	30	20	40
壳聚糖	4	3	5
茶多酚	6	4	10
ε-聚赖氨酸	4	3	5
淀粉	60	10	100
食品级甘油	1.5（体积）	1（体积）	2（体积）
水	加至1000（体积）	加至1000（体积）	加至1000（体积）

制备方法　将藤茶提取物、迷迭香提取物、金银花提取物、葡萄籽提取物、壳聚糖、茶多酚、ε-聚赖氨酸、淀粉、食品级甘油混合，然后加水配制混合均匀即可。

产品应用　本品主要是一种含有植物提取物的洞冠梨专用保鲜剂。

本保鲜剂适用于洞冠梨冷藏之前处理，或者出库后果实移入货架之前处理；保鲜剂需现用现配。将洞冠梨在保鲜剂中浸泡4～6min后，晾干，贮藏。

产品特性

（1）本品解决了洞冠梨在长期冷藏期间，以及在货架摆放出售期间出现的果实失水萎蔫、褐变黑皮的问题，即外观新鲜度下降的问题。本品是一种无公害产品。该保鲜剂原料易得、制法简单、成本低廉、使用时操作方便，可达到良好的保鲜效果。

（2）该保鲜剂从果实上去除容易，只需浸泡在清水中就能去除。并且该保鲜剂中所用原料均符合食品卫生标准，无毒无害，即便在食用时没有将该保鲜剂去除干净，也不会危害人体健康。

（3）本品保鲜洞冠梨时间长，可达180天以上。

（4）经过本品保鲜剂处理的洞冠梨，相较于清水处理和未经任何处理的果实果皮变黑和腐烂显著减少。该保鲜剂可有效防止洞冠梨在冷藏期间的果皮褐变和腐烂，保持其良好的口感和外观品质，提升其货架价值。

配方5　黄冠梨用保鲜剂

原料配比

原料		配比（质量份）				
		1#	2#	3#	4#	5#
水杨酸		0.5	—	—	0.7	—
甜菜碱		—	0.5	—	—	0.75
水杨酸∶甜菜碱＝1∶1		—	—	0.7	—	—
抗氧化剂	抗坏血酸	0.4	—	—	—	—
	谷胱甘肽	—	0.25	—	—	—
	维生素E∶茶多酚＝1∶1	—	—	0.5	—	—
	抗坏血酸∶谷胱甘肽∶维生素E＝1∶1∶1	—	—	—	0.3	—
	抗坏血酸∶谷胱甘肽∶维生素E∶茶多酚＝1∶1∶1∶1	—	—	—	—	0.4
糖	蔗糖	0.07	—	—	0.1	—
	海藻糖	—	0.05	—	—	0.1
	蔗糖∶海藻糖＝1∶1	—	—	0.08	—	—

制备方法　将水杨酸、甜菜碱或两者的混合物、抗氧化剂和糖用水溶解后充分混合均匀。当加入水杨酸时，先将水杨酸用0.1～0.5mol/L的碱性溶液或无水乙醇溶解，再与其他成分混合。在此浓度的碱液或无水乙醇中，脂溶性的水杨酸可以完全溶解，防止直接加水时水杨酸在水溶液中析出，导致无法起到保鲜的效果。

原料介绍

所述碱性溶液为氢氧化钠或氢氧化钾溶液。

产品应用　本品主要是一种梨的保鲜剂。

使用方法如下：将黄冠梨在保鲜剂中浸泡5～10min，然后晾干。保鲜剂在黄冠梨冷藏之前使用，现用现配。

产品特性

（1）本品能够有效减少黄冠梨在冷藏期间的水分损失，降低果面褐斑发生率，保持果面光洁新鲜和良好的果实风味，具有无毒无害、制法简单、成本低廉、使用方便、保鲜效果好的优点。

（2）保鲜剂中各组分最适宜的浓度既能保持黄冠梨良好口感，又能保持黄冠梨的外观美观，尤其是显著减少黄冠梨表面出现的褐斑现象，保持水分平衡，且不易发生霉变，延长了黄冠梨的贮藏期，极大地提高了果实的商品价值。

（3）本品原料种类少、廉价易得、制备方法简单。

（4）本品易从黄冠梨上去除，只需用清水清洗，无需其他洗涤剂即可轻松从果实表面去除，达到残留标准的要求，并且该保鲜剂中所用原料均符合食品卫生标准，无毒无害，不会危害人体健康。

（5）本品可有效降低黄冠梨在冷藏期间的褐斑指数和失水率，具有良好的保鲜效果，可大大提高黄冠梨的货架品质。

配方 6　壳聚糖/明胶复合涂膜保鲜剂

原料配比

原料	配比（质量份）				
	1#	2#	3#	4#	5#
壳聚糖	0.6	0.9	1	0.9	1.2
甘油	0.2	0.4	0.3	0.4	0.3
明胶	0.9	1.25	1	1.5	1.6
浓度为0.8%的冰乙酸溶液	加至100	—	—	加至100	加至100
浓度为0.6%的冰乙酸溶液	—	加至100	加至100	—	—

制备方法

（1）将壳聚糖加入冰乙酸溶液中，搅拌混合制成预溶液，同时调节预溶液的pH值；搅拌时间为0.5～1h，pH值控制在5～6之间。

（2）于50～60℃水浴中配制明胶溶液，搅拌，使其充分溶解。

（3）于50～60℃水浴中，将预溶液和明胶溶液混合搅拌，加入甘油，继续搅拌直至混合均匀，即得本品。第一次搅拌时间为50～70min，第二次搅拌时间为8～15min。

产品应用　本品是一种壳聚糖/明胶复合涂膜保鲜剂。

保鲜方法：将梨放入所述的复合涂膜保鲜剂中浸渍，沥干后在梨的表面形成一层保鲜薄膜。

产品特性

（1）本品采用壳聚糖作为成膜基材，不仅原料来源广泛、无毒、无污染、可生物降解，还具有良好的抗菌性，制作成本较低。

（2）本品不仅保鲜效果显著，可有效延长保鲜时效，而且能够解决壳聚糖水溶性差、抗氧化性低等问题。

（3）本品制备方法简便，易于控制，适用于工业规模化生产。

配方 7　梨用防腐保鲜剂

原料配比

原料	配比（质量份）			
	1#	2#	3#	4#
牛膝多糖	2.0	1	1	2
咪鲜胺	3.0	4	2	5
食用乙醇	20	20	15	30
蒸馏水	加至100	加至100	加至100	加至100

制备方法　按照配方比例准确称取各组分，混合均匀并充分搅拌使混合物完全溶解即可。

产品应用　本品主要是一种梨保鲜剂。

使用方法为：将制备好的梨保鲜剂用水稀释50～300倍，将新鲜采收的梨果直接浸泡稀释液中1～3min，或将稀释液喷、涂在梨果表面，自然晾干，后储藏保存即可。

产品特性

（1）本品有效成分协同增效，相互混用能减少单一成分的用量，协同抑菌作用能有效降低梨果采后病菌的发病率，有效延长采收梨果的保鲜期。

（2）本品制备工艺简单，生产成本低，安全有效，不会影响食品风味，符合果蔬保鲜的绿色环保要求。

配方 8　梨专用保鲜剂

原料配比

原料	配比（质量份）		
	1#	2#	3#
二氧化氯	0.5	0.2	0.4
β-氨基丁酸	0.05	0.02	0.03
二苯基碘	0.005	0.002	0.004
苯甲酸	6	3	5
蜂蜡	350	300	320
棕榈油	80（体积）	50（体积）	60（体积）
卵磷脂	5	3	4

制备方法

（1）将配方量的二氧化氯溶于水中，搅拌至完全溶解，制得保鲜剂 A；

（2）将配方量的 β-氨基丁酸、二苯基碘、苯甲酸依次加入水中，搅拌至完全溶解，制得保鲜剂 B；

（3）将配方量的蜂蜡加热熔化后加入棕榈油，将水加热至 40～60℃与蜂蜡、棕榈油混合，进行超声乳化，制得保鲜剂 C。

产品应用　本品是一种梨保鲜剂。

使用方法如下：

（1）将梨采摘后剔除病果，于保鲜剂 A 中浸泡 30min，取出果实。

（2）将经步骤（1）处理的梨于保鲜剂 B 中浸泡 30min，取出果实。

（3）将经步骤（2）处理的梨于保鲜剂 C 中浸泡 30min，取出果实沥干。

（4）将经步骤（3）处理的梨置于保鲜袋中于 18℃室温保存。将梨把固定在保鲜袋袋口，梨身悬浮于保鲜袋中。梨的碰伤处最容易腐烂，将梨身悬浮于保鲜袋中能有效防止储藏时梨与梨的磕碰。保鲜袋中充入空气和二氧化碳，袋内二氧化碳的体积分数保持在 3%～5%，能抑制呼吸作用，延长保鲜时间。

产品特性

（1）本品成膜性好，在空气中不变质，对人体无害，仅用水洗就可除去，涂覆梨表面，可抑制呼吸作用和水分散失，减少养分的损耗，使梨在 18℃室温下储存 3～6 个月不变质。

（2）彻底杀灭梨表面病原菌，延长保鲜时间。

配方 9　梨果保鲜剂

原料配比

原料	配比（质量份）					
	1#	2#	3#	4#	5#	6#
羧甲基壳聚糖	150	150	200	150	150	200
茶多酚	20	30	40	20	40	30
褐藻胶寡糖	50	75	100	50	100	75
1-甲基环丙烯（1-MCP）	0.02	0.03	0.04	0.02	0.04	0.03

制备方法

（1）将羧甲基壳聚糖加入水中，搅拌溶解，直到澄清，配制成羧甲基壳聚糖溶液。

（2）向上述羧甲基壳聚糖溶液中加入茶多酚和褐藻胶寡糖，充分混匀得到预保鲜剂。

（3）处理梨果实之前向上述预保鲜剂中即时加入 1-MCP，搅拌，即得梨果保鲜剂；所述预保鲜剂和 1-MCP 需分开储存，使用前将 l-MCP 加入预保鲜剂后应立即使用。

产品应用　本品主要是一种梨果实的保鲜剂。

保鲜剂的保鲜方法，包括以下步骤：

（1）将梨置于通风处预冷到室温。

（2）将预冷后的梨浸泡于上述梨果保鲜剂 1～3min 后，取出晾干。

（3）将晾干后的梨用微孔膜保鲜袋包装；所述微孔膜的膜厚度为 0.03mm；微孔膜上的微孔孔径为 1.5～2.5μm，微孔膜上的微孔分布密度为 25 个/mm^2。

（4）将包装后的梨置于 0～2℃的低温进行贮藏。

产品特性

（1）本品中所用的材料均安全无毒，易于清洗；配制过程简单，使用操作方便，简化了保鲜处理步骤，节约了人工成本和采后机械损失。在保鲜效果方面，本品综合运用 1-MCP、涂膜剂、抗氧化剂、保湿剂之间的协同作用，有效延长了梨果实的贮藏期。

（2）本品将常用的 1-MCP 气体密闭熏蒸改为保鲜剂浸泡，无需密闭熏蒸环境并且将处理时间由数小时缩短到数分钟。同时将 1-MCP 处理和涂膜保鲜相结合，减少了采后处理步骤，节约了人工成本和采后机械损失。

（3）本品针对梨果实采后生理特点，综合运用 1-MCP、羧甲基壳聚糖、茶多酚、褐藻胶寡糖的各自特性和各物质之间的协同作用，有效地延长了梨果实的贮藏期，延缓了外观颜色、硬度的下降和失重率的增加。

配方 10　香梨保鲜剂

原料配比

原料	配比（质量份）	原料	配比（质量份）
月光花素	20	竹叶黄酮	10
蔗糖酯	9	无花果提取物粉末	32
柠檬酸	5	木质素	10
山梨酸钾	5	纯净水	100

制备方法

（1）按上述配方称取各组分；

（2）将称取的纯净水、竹叶黄酮、山梨酸钾和无花果提取物粉末混合，在 45～55℃下搅拌混合 30min，冷却后，得到溶液 A；

（3）将蔗糖酯和柠檬酸混合，导入反应釜中，在 55～65℃下，以 150～

160r/min 的转速搅拌 60min，得到溶液 B；

（4）将溶液 A、溶液 B 和月光花素、木质素混合，导入混料机中，在 50～55℃下搅拌混合 10～15min，冷却至常温后，即可得到成品。

产品应用 本品主要是一种香梨保鲜剂。

产品特性 本品保鲜期长，无毒，安全，不会带来药害，且具有抑制病原、延缓香梨腐烂速度、保持感官品质、使用时操作方便、释放期长的优点。

3.8 桃用保鲜剂

配方1 加工桃专用保鲜剂

原料配比

原料	配比（质量份）				
	1#	2#	3#	4#	5#
高锰酸钾	15	15	15	15	15
氢氧化钙	15	15	15	15	15
硫酸亚铁	6	—	—	—	6
氧化亚铁	—	6	6	6	—
氧化钙	3	3	3	—	3
环丙烯	3	—	3	3	—
1-甲基环丙烯	—	3	—	—	3
次氯酸钠	2.5	—	—	2.5	2.5
氯酸钠	—	2.5	2.5	—	—
无水氯化钙	2	2	—	2	2
氧化锌	1.5	1.5	1.5	1.5	1.5
抗坏血酸	1.5	1.5	1.5	1.5	1.5
聚丙烯酸钠	0.5	0.5	0.5	0.5	0.5
沸石	50	—	—	—	—
二氧化硅	—	50	—	—	—
硅藻土	—	—	50	—	—
活性炭	—	—	—	50	—
氧化铝	—	—	—	—	50
水	适量	适量	适量	适量	适量

制备方法 将各原料按计量称取，混合均匀，然后混合粉碎，过筛，加入水充分搅拌均匀，在 110℃下干燥造粒，制成直径 1.5～2.5mm 左右的颗粒，采用

纸或布等透气材料将保鲜剂颗粒分装。

产品应用　本品主要用作加工桃的专用保鲜剂。

使用方法：按 8～10g 保鲜剂每 2.5kg 果实质量的用量，将保鲜剂与果实一同装入保鲜膜塑料袋中。

产品特性

（1）本产品是在氧气和二氧化碳适量存在下发挥保鲜作用的，保鲜贮存开始时，因果实自身的呼吸和本产品的吸附氧化作用，包装体内氧气含量迅速降低，二氧化碳含量上升至百分之十几，直至氧气含量达到 3%～5%，二氧化碳含量达到 3%～5% 时，保持稳定。

（2）本产品在使用过程中，较好地减少了加工桃在贮运过程中水分的散失，抑制了微生物的腐败作用，解决了加工桃贮运过程的技术关键，同时能降低加工桃的呼吸作用等，因而在延长贮藏保鲜期和货架期上有明显的功效。保鲜期（温度不超过 35℃，相对湿度不低于 70%）可达到如下指标：常温下，保鲜期延长7～10 天。低温（0℃）下，保鲜期可达 40～60 天。将该保鲜剂与保鲜膜结合使用，可有效地防止加工桃的褐变和腐烂问题，保鲜期可达 40～60 天，货架期达3～5 天。在保鲜期内，失重不超过 2%～6.5%，色泽鲜艳，腐烂损失不超过 2%。

配方 2　水蜜桃保鲜剂

原料配比

原料	配比（质量份）			
	1#	2#	3#	4#
60 万分子量壳聚糖	4	5	4.5	4.2
苯甲酸钠	0.5	0.6	0.55	0.58
聚丙烯酸钠	1	1.2	1.1	1.15
氨基乙酸	2	2.2	2.1	2.05
纯净水	92.5	91	91.75	92.02

制备方法

（1）称取壳聚糖、苯甲酸钠、聚丙烯酸钠、氨基乙酸，将它们加入水中，搅拌 5～6min，控制混合溶液的温度在 20～25℃；

（2）将上步制得的混合溶液静止反应 10～15min，即制得水蜜桃保鲜剂。

产品应用　本品主要用于水蜜桃的保鲜。

使用方法：用新鲜采摘不超过 10h 且成熟度在九成熟左右，表皮无虫蛀、结板、划伤的水蜜桃，初步干燥处理，去除表面水分后，将上述制备好的水蜜桃保鲜剂，采用喷雾涂覆的方法涂覆在水蜜桃表面，然后在30℃的条件下鼓风干燥，干燥时间2s。

产品特性 本产品可在水蜜桃表面形成一层无色透明且可食用的薄膜，由于壳聚糖的独特物理和生物学作用，可起到杀菌、保鲜、防腐效果，使得水蜜桃的保鲜时间大大延长，能长期存储和长途运输，不会在短时间内坏掉，降低运输过程中的贮藏成本，并利于贮藏。

配方3　水蜜桃复合保鲜剂

原料配比

原料	配比(质量份)				
	1#	2#	3#	4#	5#
柠檬酸	0.1	0.03	0.08	0.1	0.12
氯化钙	0.4	0.2	0.3	0.5	0.6
抗坏血酸	0.1	0.03	0.08	0.1	0.12
水杨酸	0.005	0.02	0.04	0.05	0.006
丁二酸	0.02	0.01	0.01	0.02	0.03
四硼酸钠	0.05	0.03	0.05	0.06	0.1
水	加至100	加至100	加至100	加至100	加至100

制备方法 将各组分按配比混合均匀，溶于水，即为所述的水蜜桃复合保鲜剂。

产品应用 本品主要用作果蔬保鲜剂。

产品特性 本产品可以明显降低果实的腐烂率和失重率，有效抑制果实硬度的下降，提高好果率，具有良好的保鲜效果。

配方4　鲜桃防腐保鲜剂

原料配比

原料		配比(质量份)	
		1#	2#
丁香和大蒜的粉末状提取物	丁香	20	35
	剥壳去蒂的大蒜	35	50
	95%的乙醇	55	100
	乙醇水	40	80
丁香和大蒜的粉末状提取物		10	12
D-异抗坏血酸钠		3	3

续表

原料	配比(质量份)	
	1#	2#
羧甲基壳聚糖	8	6
纳他霉素	0.4	0.4
植酸	5	5
柠檬酸	3	3
水	71.6	71.6

制备方法

（1）分别称取丁香、大蒜洗净晾干，用粉碎机粉碎。

（2）加入含量为95%的乙醇浸泡24h左右，过滤，滤渣再次加入乙醇浸泡24h左右，过滤；所得滤液合并后，减压浓缩，回收溶剂得浸膏，将浸膏真空干燥得到一种粉末状提取物。

（3）称取步骤（2）得到的粉末状提取物、羧甲基壳聚糖、D-异抗坏血酸钠、纳他霉素、柠檬酸、植酸、水，强力搅拌，混合均匀，得到鲜桃防腐保鲜剂。

产品应用　本品主要用作鲜桃防腐保鲜剂。

使用方法：将保鲜剂稀释10倍，将鲜桃浸泡或均匀涂抹上述保鲜液，晾干，放入0~4℃冷库中贮藏，贮藏2个月后，鲜桃腐烂率低于4%，失重低于5%；20~25℃贮藏15天后，鲜桃腐烂率低于5%，失重低于3.6%，果实风味好，无褐变发生。

产品特性　本产品安全无毒，广谱抑菌杀菌，防腐杀菌性能好、保鲜期长、失水率低，食用无毒，可有效防止鲜桃软腐和腐烂，原料天然易得，操作简单。

配方5　水蜜桃专用保鲜剂

原料配比

原料	配比(质量份)		
	1#	2#	3#
甘油	6	4	6
纯净水	100	95	100
贝壳粉	1.8	1.5	1.8
葡萄糖	10	8	10
柠檬酸	4.8	4	4.8
山梨酸钾	4.8	4	4.8

续表

原料		配比（质量份）		
		1#	2#	3#
中药提取液		20	15	20
中药提取液	橙皮	6	4	6
	菊花	5	3.5	5
	金银花	6	4.5	6
	柚子皮	9	7	9
	乙醇	适量	适量	适量

制备方法　将各组分原料混合均匀即可。

原料介绍

所述中药提取液的制备方法如下：

（1）将食品级乙醇置于密闭容器内，水浴将其加热至 75～85℃，加入橙皮、菊花、金银花、柚子皮，继续水浴加热使得食品级乙醇的温度保持在 75～85℃，提取 12～15h，而后过滤得到初提取液；

（2）将初提取液置于敞口容器中加热浓缩成 100 质量份，即得到所述的中药提取液。

产品应用　本品主要是一种水蜜桃保鲜剂。

产品特性　本品配比合理，绿色环保，保鲜效果更好，而且不会影响水蜜桃的口感。

配方6　水蜜桃防腐保鲜剂

原料配比

原料		配比（质量份）		
		1#	2#	3#
淀粉		9	8	12
高吸水树脂	聚丙烯酰胺	15	—	—
	壳聚糖	—	10	—
	果胶	—	—	17
硅藻土		1.5	2	5
页岩硅藻泥		5	0.5	3
改性凹凸棒石黏土		5	3	6
天然除菌剂		17	13	19
维生素C		4	2	6
水		适量	适量	适量

原料		配比(质量份)		
		1#	2#	3#
天然除菌剂	甘草	18	12	20
	大青叶	12	8	15
	狗尾花	5	3	8
	金银花	8	5	13
	除虫菊	6	5	10
	橘皮	12	7	15
	山楂	5	2	7
	大蒜	9	6	12
	水	适量	适量	适量

制备方法

（1）按照配比分别称取天然除菌剂的各组分甘草、大青叶、狗尾花、金银花、除虫菊、橘皮、山楂，粉碎，与水混合并置于熬煮罐中，于 80～100℃条件下熬煮 30～50min，过滤，得滤液 A1，备用；加入水的质量为除菌剂各组分总质量的 8～12 倍。

（2）按照配比称取大蒜，捣碎，然后置于水中常温浸泡 1～2h，过滤，得到滤液 a2；加入水的质量为大蒜质量的 3～8 倍。

（3）将滤液 A1 和滤液 A2 混合均匀，然后加入配比量的维生素 C，搅拌至完全溶解，得到混合物 A3。

（4）向混合物 A3 中加入配比量的淀粉和高吸水树脂，搅拌混合 1～2h，得到混合物 A4。

（5）将混合物 A4 中分别加入配比量的硅藻土、页岩硅藻泥和改性凹凸棒石黏土，充分混合均匀，加入适量的水，然后将混合物置于超声波条件下搅拌超声 20～40min，即得所述防腐保鲜剂。加入水的量使得混合物的含水量为 70%～85%。

原料介绍

所述改性凹凸棒石黏土为天然凹凸棒石黏土经提纯、酸化，然后经热活化之后的产物。

所述改性凹凸棒石黏土的制备方法包括如下步骤：

（1）将天然凹凸棒石黏土进行粉碎并过 150 目筛，加水，搅拌形成悬浮泥浆，再通过超声波条件下超声 10～20min，取上层悬浊液于 3000r/min 的离心机中离心处理 5～10min，真空抽滤得到滤饼；

（2）将滤饼置于烧瓶中，加入 2mol/L 的稀盐酸，其中，稀盐酸加入的体积量与凹凸棒质量之比为 1mL:（3～8）g，于 60～80℃搅拌回流 20～30min，真空抽滤，并用蒸馏水清洗，得滤饼；

（3）将滤饼干燥，然后置于马弗炉中，以 20℃/min 的升温速度升温至800℃，然后恒温焙烧 4h，即得所述改性凹凸棒石黏土。

产品应用 本品主要是一种水蜜桃防腐保鲜剂。

产品特性

（1）本品不仅能够有效提高水蜜桃的防腐保鲜效果，还大大降低了水蜜桃表面的药物残留，大大提高了水蜜桃的使用安全性，具有较好的应用价值。

（2）本品中使用的除菌剂为纯天然中草药成分，能够有效防止霉菌、细菌的滋生，防止水蜜桃腐烂变质，延长水蜜桃的保鲜时间，且所述除菌剂不会对人体造成伤害，提高了使用安全性。

（3）本品中添加有高吸水树脂，一方面能够使得提取的除菌剂成分吸附在高吸水性树脂表面，另一方面将保鲜剂喷施于水蜜桃表面时，会在水蜜桃的表面形成一层保护膜，一层均匀分布着除菌剂的保护膜，使得除菌剂能够更好、更加均匀地发挥作用，为水蜜桃的防腐保鲜提供了条件。

配方 7 水蜜桃采收前专用保鲜剂

原料配比

原料	配比（质量份）		
	1#	2#	3#
氯化钙	60	70	50
壳聚糖	55	60	40
甘油	30	32	35
碳酸氢钠	27	30	25
中药提取液	15	10	20
水	1000	1000	1000

制备方法

（1）按质量份称取氯化钙、壳聚糖、甘油、碳酸氢钠、中药提取液和水；

（2）将称取的壳聚糖、甘油和中药提取液加入水中，搅拌均匀，均质处理后得到保鲜剂水剂；

（3）将称取的氯化钙和碳酸氢钠分别粉碎成 60～80 目的粉末，混合后得到保鲜剂固体粉末剂；

（4）在使用前 10min 将步骤（3）制得的保鲜剂固体粉末剂溶解到步骤（2）制得的保鲜剂水剂中，混合均匀，即得到所述的水蜜桃采收前专用保鲜剂。

原料介绍

所述的中药提取液按以下方法制得：

（1）按照制备 100 质量份的中药提取液计算，称取 3~5 质量份的青皮，5~7 质量份的厚朴，4~6 质量份的肉桂，7~9 质量份的干姜，12~15 质量份的菊花，7~9 质量份的金银花，130 质量份的食品级乙醇，并将称取的青皮、厚朴、肉桂、干姜、菊花和金银花混合后粉碎成 30~60 目的中药粉末；

（2）将称取的食品级乙醇置于密闭容器内，水浴将其加热至 75~85℃，加入步骤（1）制得的中药粉末，继续水浴加热使得食品级乙醇的温度保持在 75~85℃，提取 12~15h，而后过滤除去中药粉末得到初提取液；

（3）将初提取液置于敞口容器中加热浓缩成 100 质量份，即得到所述的中药提取液。

产品应用 本品主要用作水蜜桃采收前专用保鲜剂。

使用方法：在采收前 4 天，每天上午 9~12 点期间将所述的水蜜桃采收前专用保鲜剂均匀喷雾在水蜜桃上，每天喷雾一次，连续 3 天，采收当日上午不再喷洒，采摘后直接套袋、装箱、冷藏或常温保藏即可。

产品特性

（1）本产品采用采摘前保鲜的方式，这样有效地避免了采摘后接触含水保鲜剂，使得果皮表面水分含量高、容易滋生微生物进而导致腐败的发生，采用本产品的方法，在采收前进行喷雾，保鲜剂能够均匀地分布在水蜜桃表面，形成有效保护。在装袋、保鲜期间，水蜜桃的表面始终保持干燥，减少了微生物的滋生，另外，采用本产品的方法，采摘后直接套袋，不需要额外进行保鲜操作，减少了后续操作流程中水蜜桃的磕碰产生的组织伤害，也利于果实的保存。

（2）本产品选用天然原料，不包括化学合成的物质，天然、健康。其中包括多种中药成分的中药提取液，均使用安全的中药提取有效成分，在采摘前多次喷洒可以渗透到水蜜桃皮质的浅层，有利于形成防腐保鲜层，避免表层微生物向内层渗透滋生。

（3）本产品是一种安全、高效的保鲜剂，其突破常规的保鲜方法，旨在提升水蜜桃采摘前的抗腐败能力，能够有效地延长水蜜桃的保鲜期，使得水蜜桃的保鲜期由一般的 20 天左右延长至 35 天左右，最长的可达 40 天，效果十分显著。

配方 8 桃果实保鲜剂

原料配比

原料	配比/（g/L）		
	1#	2#	3#
槟榔	17.4	11.2	27.4
丁香	8.5	7.6	12.6

续表

原料	配比/(g/L)		
	1#	2#	3#
肉桂	25.7	21.3	27.4
绿茶	42.9	32.6	51.8
厚朴	22.9	18.5	35.3
赤芍	21.5	18.5	27.6
生百部	20.6	11.6	21.8
氯化钙	15	10	20
水杨酸	1.5	1	2
70%乙醇	适量	适量	适量
蒸馏水	至总体积1L	至总体积1L	至总体积1L

制备方法 植物源提取物的原料按槟榔、丁香、肉桂、绿茶、厚朴、赤芍、生百部组方；以上述组方10倍量的70%乙醇在摇床中提取，摇床转速为150r/min，提取温度为55℃，提取3次，每次提取60min；合并提取液，过滤，滤液减压浓缩，浓缩温度为60℃，然后真空干燥至干浸膏，干燥温度65℃，压力0.075MPa，粉碎成细粉；然后加入氯化钙、水杨酸，混匀，加蒸馏水至总体积1000mL，用均质机均质，均质速度为12000r/min，均质时间为2min，均质温度为80℃。

产品应用 本品主要用作桃果实保鲜。

保鲜方法：

（1）水果保鲜处理：采摘七成熟的桃果实，用所述保鲜剂浸泡桃果实5min，晾干，所有果实需带果柄采摘；

（2）使用浓度为5μL/L的1-甲基环丙烯以及0.3%乙醇对上述保鲜处理后的桃果实进行熏蒸处理，熏蒸处理的环境温度为8～10℃，熏蒸处理的时间为24h；

（3）果实冷藏：桃果实冷藏温度为-1～0℃；

（4）货架期处理：冷藏的桃果实出库后，进行低温货架期保存，货架期温度为8～10℃。

产品特性 采用上述方法及保鲜剂，在低温下贮藏35天出库，然后在随后9天的货架期中好果率保持在85%以上，而且果实能够正常软化，果实风味很好，没有褐变发生。本产品所涉及的桃果实保鲜剂中，槟榔、生百部、丁香、厚朴、肉桂和绿茶醇提取物一方面对桃果实的褐腐病与软腐病具有显著的抑制效果，有效防止桃果实的腐败；同时还作为抗氧化组分，可有效延缓桃果实因有机物氧化而导致的衰老或冷害的产生。

配方9　可食性油桃涂膜保鲜剂

原料配比

原料	配比(质量份)			
	1#	2#	3#	4#
水溶性茶多酚	20	30	40	30
大豆卵磷脂	50	75	100	75
乳木果油	200	300	400	300
油溶性茶多酚	3	4	5	4
天然虾青素	1	1.5	2	1.5
蒸馏水	适量	适量	适量	适量

制备方法

(1) 将水溶性茶多酚加入蒸馏水中，搅拌均匀，配制成茶多酚溶液；

(2) 将大豆卵磷脂加入上述茶多酚溶液中，加热到45~50℃左右搅拌均匀，配制成茶多酚/卵磷脂溶液；

(3) 向上述加热的茶多酚/卵磷脂溶液中加入乳木果油，充分混匀得到茶多酚/卵磷脂/乳木果油溶液；

(4) 向上述加热的茶多酚/卵磷脂/乳木果油溶液中加入油溶性茶多酚和天然虾青素，充分搅拌均匀即得油桃保鲜剂。

原料介绍

所述乳木果油为物理冷榨法从乳木果果仁中提炼的油类；

所述天然虾青素为雨生红球藻中提取的纯度大于90%的虾青素。

产品应用　本品主要是一种可食性油桃涂膜保鲜剂。

对油桃进行保鲜的方法：将所述的可食性油桃涂膜保鲜剂加热到45~50℃，然后向其中放入油桃浸泡1~2min，最后取出油桃进行晾干和贮藏。

产品特性

(1) 本品所用的材料均安全无毒、可食用、易于清洗、配制过程简单、使用操作方便；

(2) 本保鲜剂利用天然虾青素的颜色，克服了保鲜剂中添加的茶多酚、大豆卵磷脂导致油桃果皮黄褐色的缺点，可以使油桃的色泽更鲜红，增加其外观品质；

(3) 乳木果油可以有效抑制油桃的失水和软化，油溶性茶多酚、天然虾青素的加入可有效抑制乳木果油的腐败，有效延长了油桃的贮藏期；

(4) 本品综合运用乳木果油、茶多酚、虾青素、卵磷脂之间的协同作用，有效延长了油桃的贮藏期，且添加的几种物质对人体都具有一定的保健作用，有益于身体健康。

配方 10　油桃复合保鲜剂

原料配比

原料	配比(质量份)		
	1#	2#	3#
酒石酸	6	4	6
抗坏血酸	2	2	3
β-氨基丁酸	2	2	3
葡萄糖	16	15	20
果胶	23	20	25
水	51	57	43

制备方法　将葡萄糖和果胶放入化学反应釜，加热至45℃，溶解后依次加入酒石酸、β-氨基丁酸，完全溶化后再加入抗坏血酸，充分混匀后即得到本产品。

产品应用　本品主要是一种油桃复合保鲜剂。

产品特性　本品安全无毒，抑菌效果好，可降低油桃贮藏过程中腐败的发生，能够较长时间地延长油桃的货架期。

3.9　苹果保鲜剂

配方 1　缓释长效苹果纳米保鲜剂

原料配比

原料	配比(质量份)		原料	配比(质量份)	
	1#	2#		1#	2#
高锰酸钾	7	10	柠檬酸钠	16	23
聚乙烯醇	15	20	抗氧化剂	1	2
苯甲酸	3	5	蔗糖	10	14
苹果酸	12	15	乳酸钠	7	11
乙醇	3	5	钙盐	1	4
水	40	50	纳米缓释载体	10	15

制备方法

（1）将蒸汽夹套的反应锅加入质量份数要求的水和聚乙烯醇搅拌均匀后，边搅拌边加热至50～55℃，再加入高锰酸钾、抗氧化剂、钙盐以及苯甲酸边搅拌边加热至60～70℃，并在此温度下保持10～20min，再冷却至25～32℃，制得一号溶液；

（2）将一号溶液与苹果酸、乙醇、柠檬酸钠、蔗糖、乳酸钠的质量份数送进搅拌混合器内进行搅拌混合得到二号溶液，所述搅拌混合器的搅拌速度为14～22r/min，所述搅拌混合器温度控制在23～32℃；

（3）将二号溶液过60目筛进行过滤，制得用于苹果的保鲜剂。

所述纳米缓释载体的制备方法：

（1）将硅羟基磷灰石、硅藻土按照8：10的质量份数配比混合，加入200份二甲基亚砜（DMSO）和30份甲醇的混合溶液中，于65℃搅拌60h，过滤，并用60℃温度的热乙醇洗3次除去过量的二甲基亚砜（DMSO），放入真空干燥箱，在60℃温度干燥24h，研磨过筛，得一次改性复合物。

（2）将1份一次改性复合物、10份醋酸钾和22份蒸馏水混合，于温度50℃搅拌10h以上，于温度30℃，先在超声电功率350W条件下分散3.5h，然后再在超声电功率250W条件下分散4h。过滤，并用蒸馏水洗3次，80℃真空干燥24h，研磨过筛，得二次改性复合物。

（3）将上述1份二次改性复合物在600W功率条件下超声波分散30min，用恒温加热装置加热到90℃，并用机械搅拌器搅拌（1200r/min）60min，得纳米缓释载体。

产品应用 本品主要用作苹果保鲜剂。

使用方法：将苹果包装纸在上述保鲜剂内进行浸泡，再将浸泡后的包装纸包装苹果即可。

产品特性 本产品成本较低，制作工艺简单，食用方便，同时能将保鲜时间控制在6个月左右。利用羟基磷灰石等本身具有多孔结构的性质，将药物组分吸附在载体的内部网格中，达到缓慢释放的目的。

配方2 苹果防腐保鲜剂

原料配比

原料	配比（质量份）		原料	配比（质量份）	
	1#	2#		1#	2#
亚硫酸钾	85	90	硬脂酸	1	2
淀粉	1	2	苹果酸	0.6	1.0
明胶	1	2	水	加至100	加至100

制备方法 将上述原料按配比混合均匀，溶于水。

产品应用 本品主要用作苹果保鲜剂。

产品特性 本产品制法简单、成本低廉、使用时操作方便、能使保鲜的苹果长时间锁住营养成分不流失，具有防腐、杀菌、防失水、保鲜效果突出的优点。

配方 3　苹果长效保鲜剂

原料配比

原料	配比（质量份）		原料	配比（质量份）	
	1#	2#		1#	2#
高锰酸钾	9	8	抗氧化剂	1.5	2
聚乙烯醇	17	19	淀粉	12	14
苯甲酸	4	3	硅胶	9	10
苹果酸	13	14	蔗糖	13	13
乙醇	3	5	乳酸钠	8	10
水	42	48	钙盐	3	4
柠檬酸钠	19	10			

制备方法

（1）将蒸汽夹套的反应锅加入按照质量份数要求的水和聚乙烯醇搅拌均匀后，边搅拌边加热至 50～55℃，再加入按照质量份数要求的高锰酸钾、抗氧化剂、钙盐以及苯甲酸边搅拌加热至 60～70℃，并在此温度下保持 10～20min，再冷却至 25～32℃，制得一号溶液；

（2）将一号溶液与苹果酸、乙醇、柠檬酸钠、淀粉、硅胶、蔗糖、乳酸钠按照质量份数要求送进搅拌混合器内进行搅拌混合得到二号溶液，所述搅拌混合器的搅拌速度为 14～22r/min，所述搅拌混合器温度控制在 23～32℃；

（3）将二号溶液过 60 目筛进行过滤，制得用于苹果的保鲜剂。

产品应用　本品主要用于苹果的保鲜。使用时，只需将苹果包装纸在上述保鲜剂内进行浸泡，再将浸泡后的包装纸包装苹果即可。

产品特性　本产品选用多种材料配制而成，成本较低，制作工艺简单，食用方便，同时能将保鲜时间控制在 6 个月左右。

配方 4　苹果漂白紫胶复合保鲜剂

原料配比

原料		配比（质量份）		
		1#	2#	3#
漂白紫胶水溶液	漂白紫胶	48	48	48
	丙二醇	24	24	24
	油酸	12.92	12.92	12.92
	氢氧化钠溶液	适量	适量	适量
	水	加至 100	加至 100	加至 100

续表

原料	配比(质量份)		
	1#	2#	3#
漂白紫胶水溶液	5	30	15
桉叶提取物	15	5	8
高良姜提取物	10	20	15
桂皮提取物	20	10	15
连翘提取物	5	15	7
赤霉素	0.002	0.01	0.01
乙醇	适量	适量	适量
水	加至100	加至100	加至100

制备方法 先用适量乙醇溶解赤霉素,然后加入漂白紫胶水溶液中,充分混合均匀后,在混合溶液中再加入桉叶提取物、高良姜提取物、桂皮提取物、连翘提取物及水,混合均匀即得保鲜剂产品。

所述漂白紫胶水溶液制备:先将丙二醇加热至110℃,加入漂白紫胶搅拌至其全部溶化,温度降至100℃时,加入油酸混合均匀,温度继续降至70~80℃时,用浓度为1%~3%的氢氧化钠溶液调节漂白紫胶溶液pH值至7.5~8,然后加入余量水混合,即制得漂白紫胶含量为48%的漂白紫胶水溶液。

所述桉叶提取物、高良姜提取物、桂皮提取物及连翘提取物均通过下列现有技术的常规方法进行制备,将植物材料桉叶、高良姜、桂皮、连翘分别经:

(1)原料粉碎,并过20目筛;

(2)在粉碎的原料中加水或乙醇浸泡1h;

(3)乙醇浸泡后,用超声波提取30min;或者水浸泡后,加热回流提取30min;

(4)对提取液进行真空抽滤,重复提取3次,合并滤液,进行真空浓缩,即可。

产品应用 本品主要用作苹果漂白紫胶保鲜剂。

苹果涂膜保鲜方法:首先用浓度为1%的氯化钙溶液浸泡苹果10min,取出晾干后,用配制好的上述保鲜剂对苹果进行手工涂膜,然后晾干,纸箱包装,于室温下进行贮藏。

产品特性 使用本产品对苹果进行涂膜保鲜后,使苹果在常温、不需要任何冷藏设备的条件下贮藏90天,商品率达90%,失水率≤10%,风味口感基本保持不变,不仅有效抑制了苹果果实水分的损失、降低了呼吸强度、延缓了果实的后熟,同时抑制了因病原菌和腐败菌的浸染而造成的大量腐烂,而且漂白紫胶在果实表面形成的膜改善了果实的外观，提高了商品价值，本品成本低廉，简单实用，可有效延长苹果的贮藏期及货架期。

配方 5　安全环保的苹果保鲜剂

原料配比

原料	配比（质量份）			
	1#	2#	3#	4#
牛膝多糖	4.0	3	2	2
蔗糖酯	5.0	5	7	6
香芹酚	2.0	1	2	1
食用乙醇	25	25	25	25
蒸馏水	加至100	加至100	加至100	加至100

制备方法　采用常规的混匀方法，将牛膝多糖、蔗糖酯和香芹酚加入食用乙醇和蒸馏水中，并充分搅拌使混合物完全溶解即可。

产品应用　本品是一种安全环保的苹果保鲜剂。

使用方法：将制备好的安全环保的苹果保鲜剂用水稀释100～500倍，将新鲜采收的苹果直接浸泡于稀释液中1～3min，或将稀释液喷、涂在苹果表面，自然晾干，后储藏保存即可。

产品特性

（1）本产品取材天然，有效成分协同增效，增强抑菌效果，能明显降低采后苹果遭受病害的侵染，有效延长采收苹果的保鲜期。

（2）本产品原材料易得，生产工艺简单，生产成本低，安全环保，符合果蔬保鲜的绿色环保要求。

（3）本产品明显优于单纯使用牛膝多糖、蔗糖酯或香芹酚的保鲜效果，从而能更好地起到保鲜的作用。

配方 6　含有大蒜活性物的苹果保鲜剂

原料配比

原料	配比（质量份）						
	1#	2#	3#	4#	5#	6#	7#
大蒜提取物	—	20	25	30	30	20	30
申嗪霉素	0.001	0.001	0.002	0.001	0.002	0.001	0.002
壳聚糖-玉米淀粉复合涂膜剂	10	5	10	5	5	5	10
维生素C	5	1	1	5	1	1	5

续表

原料	配比（质量份）						
	1#	2#	3#	4#	5#	6#	7#
柠檬酸	15	5	5	5	8	5	10
茶多酚	0.5	0.1	0.5	0.1	0.5	0.1	0.5
水	70	69	58.8	55	55.5	55	70

制备方法

（1）将维生素 C、柠檬酸和茶多酚溶于水中，加入壳聚糖-玉米淀粉复合涂膜剂，搅拌得到溶液；

（2）向溶液中加入大蒜提取物和申嗪霉素，继续搅拌溶液，过滤后得到含有大蒜活性物质的苹果保鲜剂。

原料介绍

所述大蒜提取物采用以下方法制备得到：

（1）取新鲜大蒜，剥皮，加入相当于 1.5 倍大蒜质量的水，磨碎后得大蒜汁；

（2）大蒜汁中加入 95％乙醇，加入量为大蒜汁质量的 2～4 倍，超声提取 1h后静置 6～12h，采用纱布过滤得到滤液；

（3）滤液经低温旋蒸，除去乙醇浓缩后得到提取物，加入相当于提取物质量的 1.2～2 倍的水，搅拌混合后，调节 pH 为 6，得到大蒜提取物。

所述超声提取时控制超声的频率为 20kHz，温度控制在 50℃。

所述 pH 值采用 1mol/L 的盐酸和/或氢氧化钠来调节。

所述申嗪霉素为市售的 1％申嗪霉素悬浮剂。

所述壳聚糖-玉米淀粉复合涂膜剂采用以下方法制备得到：

（1）壳聚糖溶解于 1％乙酸溶液中，配成 1％～2％的壳聚糖溶液，优选为 1.2％的壳聚糖溶液；

（2）玉米淀粉溶解于 1％乙酸溶液后，加热至 80℃，配成 5％～10％的玉米淀粉溶液，优选为 5％的玉米淀粉溶液；

（3）将两种溶液等体积混合，充分搅拌均匀，得到壳聚糖-玉米淀粉复合涂膜剂。

产品应用　　本品是一种含有大蒜活性物质的苹果保鲜剂。

产品特性

（1）本产品主要成分来源于植物，安全无毒，不会对人体产生伤害，与环境相容性好；产品制备工艺简单可控，易于实现产业化生产；产品具有显著的保鲜效果，可延长苹果的货架期。

（2）大蒜提取物中含有的蒜素是大蒜中的主要抑菌、杀菌活性成分，对植物病原细菌具有广谱杀菌作用；同时采用乙醇低温超声提取能够有效降低提取过程中蒜素的降解，从而提高保鲜剂的抑菌、杀菌作用。

（3）壳聚糖具有无毒、成膜好、广谱抗菌等特点，能够在果蔬表面形成一层半透膜，调节果蔬内外的气体交换，形成低 O_2 高 CO_2 浓度的外环境，抑制呼吸作用，减少水分蒸发，保持果蔬品质。加入玉米淀粉后，壳聚糖-玉米淀粉复合涂膜的效果更佳。

（4）维生素C、柠檬酸和茶多酚等均具有抗氧化作用，这使得苹果保鲜剂的抗氧化效果进一步增强。

（5）申嗪霉素是由荧光假单胞苗 m8 经生物培养分泌的一种抗生素，同时具有广谱抑制植物病原菌的特点，能够进一步提高苹果保鲜剂的抑菌效果。

配方 7 壳聚糖苹果保鲜剂

原料配比

原料		配比（质量份）		
		1#	2#	3#
壳聚糖		29	22	23
改性海藻酸钠		18	23	25
柠檬酸钠		19	15	18
植物精油		15	15	20
蔗糖脂肪酸酯		14	14	14
维生素E		17	19	24
有机萃取剂		12	12	12
水		17	15	14
混合溶剂	正己胺	2	2	2
	甲醇	9	9	9
植物精油	鼠尾草精油	3	3	3
	牛至精油	5	5	5
	丁香精油	9	9	9

制备方法

（1）将壳聚糖、维生素E和水混合，在 55～60℃下搅拌混合 20～25min，冷却后，得到溶液一；

（2）将改性海藻酸钠、柠檬酸钠和蔗糖脂肪酸酯混合，导入反应釜中，在 65～70℃下，以 120～160r/min 的转速搅拌 30～40min，得到材料一；

（3）向材料一中加入植物精油，混合均匀后，导入乳化机中，搅拌、乳化，得到材料二；

（4）将溶液一、材料二和有机萃取剂混合，导入混料机中，在 50～55℃下搅拌混合 10～15min，冷却至常温后，即可得到成品。

原料介绍

所述的改性海藻酸钠的制备方法为：将海藻酸钠加入磷酸缓冲液中搅拌混合 1～2h，再加入混合溶剂，在 70～80℃下反应 2～3h，然后加入氰基硼氢化钠搅拌反应 25～40min，最后使用甲醇进行沉淀反应，将沉淀物溶于水中，进一步透析，经冷冻干燥，即可得到改性海藻酸钠。

所述的有机萃取剂的制备方法为：将大蒜和生姜混合研磨成粉末，加入 6～8 倍质量的去离子水，在 80～90℃下加热萃取，过滤去除滤渣，即可得到有机萃取剂。

产品应用　本品是一种苹果保鲜剂。

产品特性

（1）本品制备方法简单、配方合理、成本低廉，使用时操作方便、保鲜效果好，在贮藏期间果实不会发生失水萎蔫、褐变褐皮等问题，外观新鲜度得到了很好的保持。

（2）本品中添加的壳聚糖与维生素 E 的复配，具有较好的防腐性，制备的成品安全环保易降解，并且不影响苹果的口味；添加的有机萃取剂，采用的成分为大蒜和生姜，均具有天然的有效杀菌、抑菌作用；与改性海藻酸钠复配后，改性海藻酸钠再与其他成分混合乳化，具有较好的成膜性，使得杀菌、抑菌有效成分的挥发或释放速度减缓，从而延长杀菌、抑菌时间，提高成品的苹果保鲜效果、延长苹果保鲜时间。

配方 8　长效苹果保鲜剂

原料配比

原料	配比（质量份）		
	1#	2#	3#
甘油	1	2	1
纯净水	90	94	90
改性海藻酸钠	1	1.5	1
蔗糖脂肪酸酯	6	9	6
柠檬酸	3.2	4	3.2
山梨酸钾	3.2	4	3.2
植物精油	8	10	8

制备方法

（1）将纯净水、改性海藻酸钠、山梨酸钾和纯净水混合，在 45～55℃下搅拌混合 30min，冷却后，得到溶液一；

（2）将蔗糖脂肪酸酯和柠檬酸混合，导入反应釜中，在58～64℃下，以150～160r/min的转速搅拌60min，得到溶液二；

（3）将溶液一、溶液二和甘油、植物精油混合，导入混料机中，在50～55℃下搅拌混合10～15min，冷却至常温后，即可得到成品。

产品应用 本品主要是一种苹果保鲜剂。

产品特性 本品的苹果保鲜剂，成分简单，配比合理，绿色环保，保鲜后苹果口感好，保鲜时间长。

配方9 低成本苹果保鲜剂

原料配比

原料	配比（质量份）							
	1#	2#	3#	4#	5#	6#	7#	8#
水	100	100	100	100	100	100	100	100
乳酸菌素	0.75	0.1	0.2	0.35	0.5	0.2	0.35	0.5
褪黑素	0.1	0.3	0.2	0.2	0.2	0.2	0.2	0.2
乳酸菌	—					0.2	0.35	0.5
维生素C	—	—	—	—	—	0.2	0.35	0.5

制备方法 将各组分原料混合均匀即可。

产品应用 本品是一种苹果保鲜剂。

保鲜方法：

将苹果在相对湿度为80%～90%、温度为10℃的贮藏室内预冷12h。在将苹果预冷之后，将苹果先用清水洗，然后用蒸馏水洗。在保鲜剂中浸渍1.5～7.5min。

产品特性

（1）本品的保鲜方法操作简单，使用方便，处理成本低，经本品方法处理过的苹果在低温贮藏过程中，褐化指数、腐烂率降低，可较好地保持苹果的色、香、味，储藏期长达15天。

（2）本品可极大抑制苹果的褐变，保持品质，并且能够绿色、安全、最大程度地抑制苹果的褐变，维持营养成分，操作简单，容易实施。

配方10 苹果果实综合保鲜剂

原料配比

原料	配比（质量份）	原料	配比（质量份）
1-MCP	0.001	吲哚乙酸	0.1
柠檬酸钙	3	氯化镁	0.5
硝酸钙	1	水	加至1000（体积）

制备方法　将各组分原料混合均匀即可。

产品应用　本品主要是一种苹果果实综合保鲜剂。

使用方法：保鲜剂喷施时期为苹果采收后 3 天内喷施，喷施适宜温度范围为 10～20℃，喷施方法为先上后下，均匀周密，喷施果实表面，置于暗处保存。

产品特性

（1）成分简单，配制方便，价格低廉，适合大面积使用。

（2）显著增加苹果货架期，且苹果品质好。

（3）本产品无毒无害无污染，对环境友好。

（4）用本品进行处理后的苹果果实保鲜效果明显，在贮藏时间相同的条件下，用本品处理的苹果硬度明显提高，乙烯释放量降低，达到了延长苹果果实保鲜期的要求。

配方 11　苹果天然保鲜剂

原料配比

原料		配比（质量份）		
		1#	2#	3#
青蒿提取液		30	35	40
木瓜提取液		20	22	25
薄荷提取液		20	22	25
溶菌酶溶液		8	10	12
无花果蛋白酶溶液		3	5	8
青蒿提取液	青蒿	1	1	1
	90%的乙醇	5（体积）	6	7（体积）
木瓜提取液	木瓜	1	1	1
	90%的乙醇	10（体积）	11	12（体积）
薄荷提取液	薄荷	1	1	1
	95%的乙醇	9（体积）	9.5	10（体积）

制备方法

（1）青蒿提取液制备：将青蒿和 90%的乙醇按料液比 1g∶（5～7）mL 混合后，于 70～75℃回流提取 2h，抽滤，重复提取 2 次，合并所得滤液，将所得滤液经过减压浓缩至浸膏，将所得浸膏和无菌蒸馏水配制成质量浓度为 5mg/mL 的溶液，即得所述青蒿提取液。

（2）木瓜提取液制备：将木瓜和 90%的乙醇按料液比 1g∶（10～12）mL 混

合后，于85～90℃下回流提取2h后，抽滤，重复提取2次，合并所得滤液，将所得滤液经过减压浓缩至浸膏，将所得浸膏用5％的乙醇溶解后，再用无菌蒸馏水配制成质量浓度为1.5mg/mL的溶液，即得所述木瓜提取液。

（3）薄荷提取液制备：将薄荷和95％的乙醇按料液比1g∶（9～10）mL混合后，于85～90℃下回流提取2h后，抽滤，重复提取2次，合并所得滤液，将所得滤液经过减压浓缩至浸膏，将所得浸膏用7％的乙醇溶解后，再用无菌蒸馏水配制成质量浓度为1.5mg/mL的溶液，即得所述薄荷提取液。

（4）溶菌酶溶液制备：将溶菌酶溶解于无菌蒸馏水中并配制成浓度为0.05％的溶液，即得所述溶菌酶溶液。

（5）无花果蛋白酶溶液制备：将无花果蛋白酶溶解于无菌蒸馏水中并配制成浓度为0.1％的溶液，即得所述无花果蛋白酶溶液。

（6）混合：将上述所得青蒿提取液、木瓜提取液、薄荷提取液、溶菌酶溶液和无花果蛋白酶溶液按相应的质量份混合后，采用超声波处理，即得所述苹果天然保鲜剂。所述超声波处理包括第一超声波处理和第二超声波处理。所述第一超声波处理的温度、功率和时间分别为30℃、130W和10min，所述第二超声波处理的温度、功率和时间分别为35℃、140W和10min。

原料介绍

所述青蒿提取液的质量浓度为5mg/mL。

所述木瓜提取液的质量浓度为1.5mg/mL。

所述薄荷提取液的质量浓度为1.5mg/mL。

所述溶菌酶溶液的浓度为0.05％。

所述无花果蛋白酶溶液的浓度为0.1％。

所述木瓜提取液和薄荷提取液的质量份比为1∶1。

产品应用　本品是一种苹果天然保鲜剂。

产品特性　本品整体原料天然无污染，通过采用青蒿提取液、木瓜提取液、薄荷提取液、溶菌酶溶液和无花果蛋白酶溶液按特定的比例进行搭配，各个原料之间相互配合，富含黄酮、多酚以及抗菌等活性成分，有效抑制了苹果贮存过程中病原菌的浸染和水分的损失，尤其是增强了对链格孢菌以及炭疽菌的抑制作用，从而有效避免了苹果发生病害腐烂的现象，提高苹果贮藏的好果率、降低失重率，同时，还有效维持了苹果的硬度以及可溶性物质和维生素C的含量，贮藏后的苹果在口感、风味以及营养含量上保持较好，可食用性高，苹果整体的保鲜效果好。此外，对保鲜剂以特定的温度和功率进行两阶段超声波处理，既避免了原料中活性成分的损失，又能够提高各个原料之间的混合作用，利用后续浸泡过程中活性成分与苹果的融合，进一步提升了苹果的保鲜效果。

3.10　香蕉保鲜剂

配方 1　香蕉催熟保鲜剂

原料配比

原料	配比（质量份）			
	1#	2#	3#	4#
碳酸氢钠	10	15	10	15
乙烯利	10	20	20	10
对羟基苯甲酸甲酯	3	5	3	5
脱氢乙酸钠	3	5	5	3
山梨酸钾	3	6	3	6
双乙酸钠	1	2	2	1
丙酸钙	3	8	3	8
硼砂	5	10	10	5

制备方法　将全部原料混合，搅拌均匀，即得产品。

产品应用　本品主要用作香蕉催熟保鲜剂。使用时，配制成 1%～2% 的水溶液，将香蕉浸入 3～5min 后，提起沥干存放，即可保鲜 30 天以上。

产品特性　本产品具有原料易得，成本低，绿色环保，使用方便，效果好的优点。

配方 2　香蕉多效保鲜剂

原料配比

原料	配比（质量份）								
	1#	2#	3#	4#	5#	6#	7#	8#	9#
硫酸亚铁	35	25	45	27	43	29	41	33	44
L-抗坏血酸	0.75	1.5	0.5	1.4	0.6	1.2	0.7	0.9	1.3
碳酸氢钠	2.5	3.0	2.0	2.9	2.2	2.8	2.3	2.4	2.5
柠檬酸钠	25	30	20	28	21	27	23	—	—
多磷酸钠	—	—	—	—	—	—	—	27	26
水	90	100	80	97	85	95	87	95	90

制备方法　按配方配比将硫酸亚铁搅拌均匀，使其充分溶解于水中后，加入其他原料继续搅拌均匀即可。

产品应用 本品主要用作香蕉保鲜剂。

使用方法：需将本溶液稀释 50 倍后喷洒在香蕉上，然后密封包装在聚乙烯塑料袋内，在 20℃ 以下的温度放置即可。

产品特性 本产品无毒、无害，有效成分水溶性高，渗透力强，可有效防治香蕉采后贮藏期炭疽病、冠腐病、蕉小梗病、黑腐病，保鲜后的香蕉色泽金黄、切口白净、不掉把，制造成本低，保鲜期长。

配方 3 香蕉涂膜保鲜剂

原料配比

原料	配比（质量份）	原料	配比（质量份）
木质素	13	多菌灵	1
淀粉	17	水	66
海藻酸钠	3		

制备方法 取淀粉和海藻酸钠混匀，于 80℃ 溶解于水，溶胀后将溶胶过滤，再将所得物与木质素于 60℃ 混合，后加入多菌灵搅拌，冷却至常温即得。

产品应用 本品主要用作香蕉涂膜保鲜剂。

产品特性

（1）本品加入海藻酸钠以保持香蕉的口感和减少营养成分的流失；

（2）本品加入木质素，为其他药品构筑坚固的、密封性良好的框架结构，使得药品能够均匀缓慢地释放，使香蕉长期保鲜；

（3）本品制作简单，涂膜方法简单易行，将其涂膜于香蕉上冷却至室温成膜即可；

（4）本品不释放出任何对人体有害的气体，可以长时间与香蕉混放在一起而不产生任何副作用。

配方 4 含黄芪多糖和香芹酚的香蕉保鲜剂

原料配比

原料	配比（质量份）				
	1#	2#	3#	4#	5#
黄芪多糖	2.5	4	5	1	3.2
肉桂酸	4.0	4	5	1	2
香芹酚	0.5	1	0.5	0.2	0.4
食用乙醇	20	10	30	15	40
蒸馏水	加至 100	加至 100	加至 100	加至 100	加至 100

制备方法　按照配方比例准确称取各组分，混合均匀并充分搅拌，使混合物完全溶解即得含黄芪多糖和香芹酚的香蕉保鲜剂。

产品应用　本品是一种含黄芪多糖和香芹酚的香蕉保鲜剂。

使用方法为：将制备好的香蕉保鲜剂用水稀释50～300倍，将新鲜采收的绿色香蕉分别用稀释后的保鲜液进行浸渍或喷抹处理，自然晾干，即可低温或室温储藏运输保存。

产品特性

（1）取材天然、安全、无毒，有效成分间相互配伍，协同抑菌作用能有效降低采后的炭疽病发病率，有效延长采收香蕉的保鲜期。

（2）本品制备工艺简单，生产成本低，无毒安全，不会影响食品风味，符合果蔬保鲜的绿色环保要求。

（3）本品能有效地减少香蕉保鲜期间的失水量，同时能延缓香蕉的后熟，有利于香蕉在储运期间保鲜，有效地延长香蕉货架期。

配方 5　含牛膝多糖和噻菌灵的香蕉保鲜剂

原料配比

原料		配比（质量份）			
		1#	2#	3#	4#
牛膝多糖		2	1	3	1
噻菌灵		5	7	4	3
润湿剂	十二烷基硫酸钠	4	5	4	2
分散剂	木质素磺酸钠	5	8	5	3
填料	白炭黑	—	—	10	6
	高岭土	加至100	加至100	加至100	加至100

制备方法　将各组分原料混合均匀即可。

产品应用　本品是一种含牛膝多糖和噻菌灵的香蕉保鲜剂。

使用方法：将制备好的香蕉保鲜剂用水稀释50～200倍，将新鲜采收的绿色香蕉直接浸泡稀释液中1～5min，或将稀释液喷、涂在香蕉表面，自然晾干，后储藏保存即可。

产品特性

（1）本品有效成分协同增效，相互混用能减少单一成分的用量，协同抑菌作用能有效降低香蕉采后的炭疽病发病率，延长采收香蕉的保鲜期。

（2）本品制备工艺简单、生产成本低、安全，不会影响食品风味，符合果蔬保鲜的绿色环保要求。

（3）本品以牛膝多糖和噻菌灵为主要成分的香蕉保鲜剂能有效地减少香蕉保鲜期间的失水量，同时能延缓香蕉的后熟，有利于香蕉在储运期间保鲜，可有效延长香蕉货架期。

配方 6　含蔗糖酯的香蕉保鲜剂

原料配比

原料	配比（质量份）		
	1#	2#	3#
蔗糖酯	15	11	20
水杨酸	10	14	6
壳聚糖	11	6	14
木质素	16	19	11
山梨酸	5	3	8
环丙烯	3	5	1
活性氧化铝	4	2	9
水	加至 100	加至 100	加至 100

制备方法　将各组分原料混合均匀即可。

产品应用　本品主要是一种香蕉保鲜剂。

产品特性　保鲜效果好、延长香蕉保鲜时长，用本保鲜剂保鲜的香蕉，100天后坏果率仅为 7.5%。

配方 7　香蕉专用保鲜剂

原料配比

原料	配比（质量份）		
	1#	2#	3#
苯甲酸钠	6	3	8
焦硫酸钠	5	8	3
氯化钠	2	1	2.5
柠檬酸	7	9	6
酒石酸	2.5	3.5	1.5
甲壳素	6	5.5	9
木质素	4.5	4	2
去离子水	90	80	100

制备方法 将各组分原料混合均匀即可。

产品应用 本品主要是一种香蕉保鲜剂。

产品特性 本品能防止果蔬变质，延长保鲜时间，柠檬酸能有效地防止变色、细菌滋生，起到很好的保护保鲜作用，配方简单，使用方便。

配方 8 香蕉贮运保鲜剂

原料配比

原料		配比（质量份）			
		1#	2#	3#	4#
植物提取液	马齿苋	5	7	6	6
	甘草	6	5	7	6
	鱼腥草	7	6	5	6
	樟树叶	4	6	5	5
	柠檬叶	5	4	6	5
	牛藤草	5	4	3	4
	山苍子	2	4	3	3
	连翘	3	2	4	3
	百里香	3	2	1	2
	桂皮	1	3	2	2
	艾草	2	1	3	2
	水	适量	适量	适量	适量
辅料	蔗糖脂肪酸酯	8	12	10	10
	壳聚糖	7	6	8	7
	黄原胶	4	3	2	3
	山梨酸钾	1	3	2	3
	溶菌酶	0.3	0.1	0.5	0.3
植物提取液		98	96	94	96
辅料		2	4	6	4

制备方法

（1）植物提取液的制备：称取马齿苋 5～7 份、甘草 5～7 份、鱼腥草 5～7 份、樟树叶 4～6 份、柠檬叶 4～6 份、牛藤草 3～5 份、山苍子 2～4 份、连翘 2～4 份、百里香 1～3 份、桂皮 1～3 份、艾草 1～3 份，粉碎，过 60～100 目筛，加入原料总质量 8～15 倍的水，在 60～80℃条件下提取 30～60min，过滤，取上清液，即得；

（2）辅料的制备：称取蔗糖脂肪酸酯 8～12 份、壳聚糖 6～8 份、黄原胶

2～4 份、山梨酸钾 1～3 份、溶菌酶 0.1～0.5 份混匀，即得；

（3）香蕉贮运保鲜剂的制备：将植物提取液和辅料按质量比为（94～98）：（2～6）混匀，即得。

产品应用 本品是一种香蕉贮运保鲜剂。

所述的香蕉贮运保鲜剂在使用时，须用清水稀释至浓度为 0.2%～0.8%。

采用以下方法处理香蕉并进行贮运保鲜：

（1）采收处理：在 6～8 月份，将成熟度为 70%～75% 的香蕉无机械损伤采收后，用弧形落梳刀进行去轴落梳处理，落梳后用刀修整好切口；

（2）清洗：将经步骤（1）处理后的香蕉用清水清洗、除杂，除去残花和有病害、梳形不整齐的香蕉果实，沥干；

（3）杀菌保鲜处理：将经步骤（2）处理后的香蕉分别放入稀释的香蕉贮运保鲜剂水溶液中浸泡 1.5min，取出，沥干；

（4）包装封箱：将经步骤（3）处理后的香蕉分别放入塑料薄膜袋内，塑料薄膜袋内放有 5g 乙烯吸收剂，抽空塑料薄膜袋内的空气并扎口，然后置于包装箱内进行封装；整箱重约 15kg；

（5）贮运：将运输车厢和封装香蕉进行预冷，控制车厢和封装香蕉温度在 11～13℃ 进行运输。

产品特性

（1）本品主要通过植物提取物配比合成，减少或杜绝了化学药物的添加，安全环保，且具有很好的杀菌、保鲜作用，防止因多种真菌或细菌危害造成果实腐烂，保鲜时间长；同时，该杀菌保鲜剂取材方便，原料成本低，工艺简单。

（2）采用上述保鲜方法，香蕉经长达 30 天的贮运，果实能正常后熟，腐烂率均在 2% 以下，具有很好的保鲜效果。

配方 9　香蕉专用催熟保鲜剂

原料配比

原料	配比（质量份）		原料		配比（质量份）	
	1#	2#			1#	2#
碳酸氢钠	2	17	山梨酸钾		2	10
脱氢乙酸钠	2	8	硼砂		3	14
双乙酸钠	1	4	茉莉酸甲酯		18	50
丙酸钙	2	10	吲哚酸	吲哚丙酸	1	—
乙烯利	9	25		吲哚丁酸	—	8

制备方法 将各组分原料混合均匀即可。

产品应用 本品是一种香蕉专用催熟保鲜剂。

产品特性 本品能安全、有效地促进香蕉果实的成熟和保鲜。

配方 10　中草药复合香蕉保鲜剂

原料配比

原料		配比(质量份)		
		1#	2#	3#
中草药提取液	丁香	8	12	9
	桂皮	9	12	10
	大叶桉枝叶	9	16	12
	金银花	10	16	15
	蒲公英	9	16	15
	艾叶	6	9	8
	大黄	6	9	8
	高良姜	8	12	10
	栀子	6	10	9
	百部	5	9	8
	甘草	6	10	8
植物提取物的复合物	野生藤婆茶提取物	3	3	3
	紫茎泽兰叶提取物	2	2	2
	杨梅树叶提取物	2	2	2
	华南松松针提取物	1	1	1
中草药提取液		100	100	100
植物提取物的复合物		3	6	5

制备方法 将各组分原料混合均匀即可。

产品应用 本品主要是一种中草药复合香蕉保鲜剂。

产品特性

(1) 本品中的中草药提取液中含有的丁香、桂皮、大叶桉枝叶、金银花、蒲公英、艾叶、大黄、高良姜、栀子、百部、甘草的有效成分能抑制香蕉表面的微生物活动,降低香蕉中酶的活力,降低香蕉的生理活动强度,并在香蕉表面形成一层厚度适宜、具有适当透气性的膜来防止香蕉内部过快的水分散失,减少水分蒸发的程度,控制氧气渗透入香蕉内部的速度,有效地延长香蕉的贮存时间。

（2）本品中植物提取物的复合物属于纯天然产品，对环境无污染，不影响香蕉风味，在使用过程中，充分利用了植物中多种成分的协同作用，提高了药效，降低了毒副作用，弥补了化学合成单一成分作用的缺陷，达到了良好的保鲜效果。

（3）本品具有保鲜效果好、绿色环保、无化学残留，可贮藏保鲜时间长的优点，利用本品对香蕉进行保鲜时间可达到 30～40 天。

配方 11　草豆蔻精油香蕉保鲜剂

原料配比

原料	配比（质量份）		
	1#	2#	3#
吐温-80	13	14	13.8
无水乙醇	4	5	4.6
草豆蔻精油	1.4	1.6	1.5
水	加至 100	加至 100	加至 100

制备方法

（1）称取无水乙醇和吐温-80，按配比混合，制得混合表面活性剂。

（2）取草豆蔻精油加入涡旋振荡器，进行振荡处理，边振荡搅拌边滴加混合表面活性剂，得到草豆蔻精油混合油相；所述振荡搅拌的速度为 300～500r/min，混合表面活性剂的滴加速度为 15mL/min。

（3）将草豆蔻精油混合油相，在搅拌状态下加水混合定容，高速剪切，得到草豆蔻精油微乳液。

产品应用　本品是一种香蕉保鲜剂。

保鲜方法：

（1）取采摘 12h 内的新鲜香蕉，经清水清洗后，自然晾干。

（2）采用由所述的草豆蔻精油微乳液，将香蕉进行浸果处理或进行表面喷雾处理，自然晾干。所述浸果处理的时间为 1～2min；所述喷施处理以喷湿香蕉表面为准。

（3）本品的使用还包括保湿处理，在由草豆蔻精油香蕉保鲜剂处理前，采用质量分数为 0.5%～1.5%的海藻酸钠水溶液喷施于香蕉表面，并置于 5～7℃的水雾气中 10min，再采用草豆蔻精油香蕉保鲜剂处理。通过采用海藻酸钠联合低温水汽处理，有利于充分减少香蕉果肉与表皮水分的流失，延缓香蕉的失重率，同时可进一步延缓香蕉果实硬度的下降，降低果实的腐烂率，提高保鲜效果。

产品特性

（1）本品以草豆蔻精油微乳液作为香蕉保鲜剂，其不仅对香蕉炭疽病菌具有良好的抑制作用，还具有良好的预防和治疗作用，且随着微乳浓度的升高对香蕉炭疽病的防治效果逐渐升高，对香蕉炭疽病的防效可达88%以上，以此可有效抑制香蕉炭疽病的真菌性病害。

（2）由草豆蔻精油微乳液处理后的香蕉果实，能够维持香蕉果实采后品质，其在贮藏期间，香蕉果实硬度下降速率和失重率明显减缓，维生素C的含量、可滴定酸含量和可溶性固形物含量的变化减小，可延缓果皮转黄、降低腐烂率，有效减少了香蕉贮藏的营养物质的流失，延长了香蕉的贮藏时间，以此达到对香蕉果实采摘后的绿色安全保鲜处理。

（3）本保鲜方法，简单方便，绿色安全，并且通过联合保湿前处理，不仅进一步减缓了香蕉果肉与表皮的水分损失，降低果实失重率，而且可显著延缓香蕉果实硬度下降，降低果实的腐烂率。

3.11　其他水果保鲜剂

配方1　红毛丹保鲜剂

原料配比

原料	配比（质量份）		
	1#	2#	3#
谷氨酸	0.1	2	2
异维生素C钠	2	2	7
木质素	1	3	3
活性氧化铝	0.3	0.5	0.5
壳聚糖	0.3	0.3～2	2
高锰酸钾	0.1	0.1	0.3
赤霉素	0.5	0.5	2
柠檬酸	3	5	5
酒石酸	2	4	4
磷酸	9	14	14
山梨酸	1	1	3
水杨酸	0.5	0.5	0.8
pH值为7的纯水	加至1000	加至1000	加至1000

制备方法 将各组分混合均匀而成。

产品应用 本品主要用作红毛丹保鲜剂。

使用方法：将红毛丹浸泡于保鲜剂溶液中，低温或常温贮藏。

产品特性 通过上述设置，将红毛丹浸泡于保鲜剂溶液中，低温或常温贮藏可以达到更好的保鲜效果，可以使红毛丹色泽红、亮，延缓褐变和腐烂。

配方 2　罗汉果保鲜剂

原料配比

原料	配比（质量份）		
	1#	2#	3#
紫胶	95	93	94
单硬脂酸甘油酯	5	7	6
茶皂素	0.02	0.05	0.04
吡噻菌胺	0.01	0.02	0.03
α-氨基异丁酸	0.1	0.01	0.05

制备方法 将各组分原料混合均匀即可。

产品应用 本品主要用作罗汉果保鲜剂。使用时，将罗汉果保鲜剂先用少量（50～80mL）乙醇在适当加热（30～45℃）下溶解，再用850g的水稀释，然后将罗汉果投入稀释液，浸涂，凉干，在罗汉果表面得到一层薄膜。

产品特性 本产品可以降低保鲜成本，且不产生耐冷致病菌，可抑制罗汉果根腐病菌的生长。采用本产品的保鲜剂可以使罗汉果表面光鲜，100天后的坏果率小于2%、失水率小于13%。

配方 3　木瓜保鲜剂

原料配比

原料	配比（质量份）		原料	配比（质量份）	
	1#	2#		1#	2#
蔗糖脂肪酸酯	10	6	亚硫酸盐	3	1～3
溶菌酶	0.06	0.1	山梨酸钾	1.2	1
海藻酸钠	0.8	1	水	加至 100	加至 100

制备方法 将各组分溶于水混合均匀即可。

产品应用 本品主要用作木瓜保鲜剂。

产品特性 本产品配方合理，工作效果好，生产成本低。

配方 4　柠檬鲜果保鲜剂

原料配比

原料	配比/（g/L）			
	1#	2#	3#	4#
咪鲜胺乳油	0.5	1.2	0.8	0.95
小苏打	20	30	25	27
2,4-二氯苯氧基乙酸	0.1	0.3	0.2	0.25
水	加至1L	加至1L	加至1L	加至1L

制备方法　取植物生长调节剂 2,4-二氯苯氧基乙酸加适量水搅拌至溶解，然后加水至 1L，得混合液；在混合液中加入原药量为 0.5～1.2g 的咪鲜胺乳油以及小苏打，搅拌、溶解并混合均匀，即得保鲜剂产品。

产品应用　本品主要用作柠檬鲜果保鲜剂。

柠檬鲜果保鲜方法：将采收的柠檬鲜果放置 24h 后，浸入上述所得的保鲜剂中，浸泡 3～5min，使整个鲜果蘸有保鲜剂，捞出晾干后，用 0.02mm 厚度的聚乙烯保鲜膜逐个包裹并将封口扎紧、装箱，置于室温即能贮藏。

产品特性　本产品能够有效抑制鲜果柠檬在贮藏期发生病害，有效控制病菌的进一步蔓延和发展，降低交叉感染的机会，增强柠檬贮藏期抗病性，同时大幅度减少柠檬失水的问题，最大限度地延长柠檬的贮藏保鲜期，还能防止蒂腐病的发生，使果蒂不会脱落，以保持果蒂新鲜，提高水果品质。另为本产品在常温下就能进行保鲜，简单、实用、成本低，保鲜效果好，鲜果柠檬贮藏 5 个月，果实硬度好，果蒂完好，好果率达 98% 以上。

配方 5　银杏果复合保鲜剂

原料配比

原料	配比（质量份）		
	1#	2#	3#
壳聚糖（固体粉末）	10	15	12
10%的乙酸溶液	1000（体积）	1000（体积）	1000（体积）
甘油	18	15	17
平均粒径 15nm 的纳米 SiO_2	0.5	0.2	0.3
银杏外种皮粉末	100	100	100
80%乙醇	1000（体积）	1000（体积）	1000（体积）
乙醇提取物	0.01	0.02	0.05
1-甲基环丙烯（1-MCP）	0.7	0.6	0.5
温水	11.2	9.6	8

制备方法

(1) 经下列方法制备涂膜剂：取壳聚糖（固体粉末），加入体积分数5%～10%的乙酸溶液搅拌至溶解后，得混合液；在混合液中加入甘油以及平均粒径15nm的纳米SiO_2，搅拌、溶解并混合均匀，即得涂膜剂产品；

(2) 经下列方法制备抑菌剂：称取银杏外种皮粉末，加入乙醇，在常温（25℃）下浸提24h，每隔12h振荡一次，真空抽滤，将滤液真空浓缩，得到乙醇提取物浸膏，在滤渣中加入80%乙醇，重复上述操作一次，合并两次乙醇提取物浸膏，经低温冷冻干燥，得到银杏外种皮乙醇提取物。取乙醇提取物，加入水，搅拌、溶解并混合均匀，即得抑菌剂产品；

(3) 经下列方法制备熏蒸剂：取1-MCP，将药品放入可以密封的广口小药瓶中，按1∶16的质量比例加入约40℃的温水，然后立即拧紧瓶盖，充分摇匀后备用。

产品应用　本品主要用作银杏果保鲜剂。

银杏果复合保鲜剂的银杏外种皮保鲜方法：

(1) 用配制好的涂膜剂浸泡银杏果1min；

(2) 将步骤（1）所得银杏果沥干，用抑菌剂均匀喷涂在银杏果表面，自然晾干后，连同熏蒸剂放入封闭熏蒸柜内，在18～25℃条件下熏蒸24h，熏蒸结束后，打开通风，置于室温贮藏。

产品特性

(1) 本品能够有效抑制银杏果在贮藏期发生霉变，同时可大幅度减少银杏果失水的问题，最大限度地延长银杏果的贮藏保鲜期，防止银杏果果实硬化、"石灰化"现象的发生。

(2) 本产品在常温（25℃）下就能进行保鲜，简单、实用、成本低，保鲜效果好，新鲜银杏果贮藏半年后，仍可保持较好的果实质地，好果率达98%以上。

配方6　大石早生李保鲜剂

原料配比

原料	配比（质量份）		
	1#	2#	3#
冰醋酸	1.5	0.8	1.1
壳聚糖	0.5	0.6	0.75
吐温-80	0.3	0.5	0.5
赤霉素	0.0055	0.045	0.006
水	加至100	加至100	加至100
乙醇	适量	适量	适量

制备方法 将冰醋酸放在水里混匀，加入壳聚糖搅拌至完全溶解，用1%～2%的氢氧化钠调节 pH 值到 5.3～5.8，加入吐温-80 搅拌均匀，将赤霉素用适量乙醇溶解加入壳聚糖溶液中，混匀后即可使用。

产品应用 本品主要用作大石早生李常温贮藏的涂膜保鲜剂。

产品特性 本产品可对大石早生李进行喷涂或浸涂，经过风干后自然附着在水果表面形成一层保鲜膜，增加水果亮度，防止水分蒸发，抑制果实呼吸作用，从而起到保持大石早生李品质的作用。本产品喷涂或浸涂过的水果在经 12～15 天常温贮藏后，仍保持良好品质。具有配方简单，容易操作的特点，同时可在常温下有效地保持果实的硬度、味道和营养成分。

配方 7 空心李果实保鲜剂

原料配比

原料		配比/（质量份）		
		1#	2#	3#
镀膜保鲜剂	壳聚糖（脱乙酰度95%）	10	15	5
	柠檬酸	15	20	10
	维生素 C	1.0	2.0	0.5
	氧化锌	1.0	2.0	0.5
	硫脲	0.2	0.3	0.1
	纯净水	加至 1000（体积）	加至 1000（体积）	加至 1000（体积）
脱氧保鲜剂	高锰酸钾	50	20	80
	无水氯化钠	20	10	30
	氢氧化钠	10	5	20
	氧化锌	15	8	22
	硫酸亚铁	20	10	30
	维生素 C	15	10	20
	氯化钙	60	40	80
	聚丙烯酸钠	15	10	20
	沸石	500	400	600

制备方法

（1）镀膜保鲜剂制备方法：按配方量取维生素 C、氧化锌和硫脲，用总量 60%～80% 的纯净水溶解，然后加入柠檬酸、壳聚糖搅拌至充分溶解，加入纯净水至总量为 1000（体积）即配制成空心李镀膜保鲜剂。

（2）脱氧保鲜剂制备方法：按配方量取各原料，放入旋转粉碎机内充分搅拌混合均匀，按照混合料1％～4％的比例加水，再充分搅拌，然后在100～120℃下干燥1～2h，干燥后的含水量控制在0.3％～0.7％，在振动筛中制成2～2.5mm的颗粒，阴干后装袋，即得。

产品应用 本品主要用作空心李果实保鲜剂。

保鲜方法：

(1) 镀膜保鲜处理：将采下的新鲜空心李果实捡净杂质、树叶，剪平果柄，放入保鲜剂中浸泡10～15min，然后在凉爽通风的环境下摊晾3～4h，使镀膜固化，备用（使用15～20mL的镀膜保鲜剂）；

(2) 脱氧保鲜处理：将经过步骤(1)镀膜处理的空心李果实用保鲜袋分装成2.5～5kg/袋，同时放入脱氧保鲜剂，然后进行包装；

(3) 果实保藏：包装后的空心李果实，置于低于25℃的阴凉环境下保存，即得。

产品特性

(1) 本保鲜剂所用材料价格低廉，所用原材料都不含有毒成分，安全可靠。采用上述方法及保鲜剂，在夏季气温不超过35℃的情况下，空心李保鲜期可以达到12～15天，好果率保持在85％以上；在0～5℃条件下可以贮藏90～120天，出库后在随后7天的货架期中好果率保持在90％以上，而且果实能够正常软化，没有褐变发生。

(2) 本产品将镀膜保鲜和脱氧保鲜相结合，比单纯使用镀膜保鲜或脱氧保鲜效果更佳，不仅使常温下空心李果实的保鲜期有效延长，也使得低温贮存的时间更长，还保持了水果的硬度和良好口感。

配方8 锥栗涂膜保鲜剂

原料配比

原料		配比（质量份）		
		1#	2#	3#
紫胶溶液	紫胶	20	50	80
	90％的乙醇水溶液	加至100（体积）	加至100（体积）	加至100（体积）
柠檬酸溶液	柠檬酸	1	1.5	2
	去离子水	50	50	50
EDTA-2Na溶液	EDTA-2Na	0.5	1	1.5
	去离子水	50	50	50
竹叶提取液	竹叶	60	30	90
	无水乙醇	50（体积）	50（体积）	50（体积）
	冰醋酸	30（体积）	30（体积）	30（体积）
	去离子水	加至200	加至200	加至200

续表

原料		配比（质量份）		
		1#	2#	3#
纳他霉素溶液	纳他霉素	0.3	0.2	0.1
	去离子水	50(体积)	50(体积)	50(体积)
紫胶溶液		10(体积)		
柠檬酸溶液		10(体积)		
EDTA-2Na 溶液		10(体积)		
竹叶提取液		10(体积)		
纳他霉素溶液		10(体积)		
90%的乙醇水溶液		加至100(体积)		

制备方法

（1）将紫胶用乙醇水溶液溶解，配制紫胶溶液；

（2）将柠檬酸用去离子水溶解，配制柠檬酸溶液；

（3）将 EDTA-2Na 溶液（乙二胺四乙酸二钠盐）用去离子水溶解，配制乙二胺四乙酸二钠盐溶液；

（4）将纳他霉素用去离子水溶解，配制纳他霉素溶液；

（5）取紫胶溶液、柠檬酸溶液、乙二胺四乙酸二钠盐溶液、竹叶提取液和纳他霉素溶液混合，用乙醇水溶液添至100（体积），混合均匀制成锥栗涂膜保鲜剂。

产品应用 本品主要应用于锥栗的保鲜。将生锥栗仁和/或熟锥栗仁在锥栗涂膜保鲜剂中浸泡一定时间，取出干燥后保存。

产品特性 本产品中紫胶能够防潮、保水、防腐，而柠檬酸和 EDTA-2Na 使 PPO 酶失活，降低褐变，竹叶提取液和纳他霉素溶液可以有效杀灭锥栗表面的孢子以及造成锥栗霉变的霉菌。多种组分相互配合可实现锥栗的贮藏保鲜时间，减少在贮藏过程中水分的丧失，降低霉变、褐变和发芽，保持锥栗产品良好的色泽度、口感及营养成分，减少损失。

配方 9 壳聚糖龙眼保鲜剂

原料配比

原料	配比/(g/L)	原料	配比/(g/L)
脱乙酰度95%的壳聚糖	2	氯化锌	0.05
冰乙酸	1	硫脲	0.05
维生素 C	0.1	水	加至1000(体积)

制备方法 先分别称取维生素 C、氯化锌、硫脲，混合后用 500mL 蒸馏水溶解，然后加入冰乙酸、脱乙酰度 95% 的壳聚糖，搅拌至充分溶解，蒸馏水定容至 1L 即可。

产品应用 本品主要用作壳聚糖龙眼保鲜剂。

使用方法：按处理 1kg 龙眼使用保鲜剂 12～20mL 的量配制壳聚糖龙眼保鲜剂，将新鲜龙眼在壳聚糖龙眼保鲜剂中浸泡 10～15min，然后在 10～15℃ 的环境下摊晾 3～4h 后，2～5kg 小包装，在 10～15℃ 的环境下保鲜。

产品特性

(1) 安全无残留。本产品所使用的主要成膜材料壳聚糖是一种天然的可食性多糖，安全无毒。保鲜剂中的冰乙酸用于溶解脱乙酰度 95% 的壳聚糖，维生素 C 具有保护果皮色泽的作用，氯化锌起抑制龙眼果皮细菌生长的作用，硫脲具有加强壳聚糖成膜的功能。

(2) 该壳聚糖龙眼保鲜剂对龙眼的保鲜效果良好，在 10～15℃ 条件下，保鲜时间可达 80 天，且仍然保持较高的营养价值。

配方 10　高良姜龙眼保鲜剂

原料配比

原料	配比（质量份）		
	1#	2#	3#
高良姜	10	12	20
木质素	15	10	20
柠檬酸	3	8	12
抑菌唑	4	10	15
淀粉	7	2	10
赤霉素	4	9	12
漂白虫胶	8	2	11
山梨酸钾	5	12	14
水	适量	适量	适量

制备方法

(1) 将高良姜去杂、洗净，放入水中沸煮 40～60min 制得高良姜液，冷却备用；

(2) 向步骤（1）中高良姜液加入漂白虫胶，调和成涂料状，控制温度为 30～40℃ 时加入木质素、柠檬酸、抑菌唑、淀粉、赤霉素、山梨酸钾均匀混合，冷却至常温，即得本保鲜剂。

产品应用 本品主要用作龙眼的保鲜剂。

产品特性 本品对龙眼的保鲜作用周期长，不易变质，安全，所用的原料对人体无危害，制作简单，成本低，且不改变果肉的口味与成分。

配方 11 壳聚糖柚子保鲜剂

原料配比

原料	配比（质量份）		
	1#	2#	3#
壳聚糖	15	8	20
木质素	3	4	5
乳酸	10	12	14
纤维素	1	1.5	2
柠檬酸钠	9	10	11
蔗糖酯	2	3	4
氯化钙	3.5	4.5	5.5
抑霉唑	0.5	1	1.5
水	50	60	70

制备方法 称取壳聚糖、木质素、乳酸、纤维素、柠檬酸钠、蔗糖酯、氯化钙、抑霉唑，pH 为 7 的纯水，混合均匀，制成保鲜剂。

产品应用 本品主要用作柚子保鲜剂。

产品特性 本产品加入木质素，为其他原料筑了坚固、密封良好的框架结构，使得药品能够均匀缓慢地释放，维持均匀长期保鲜，可达到水果保鲜时间长的效果。

配方 12 柚子保鲜剂

原料配比

原料	配比（质量份）		原料	配比（质量份）	
	1#	2#		1#	2#
施保克	0.1	0.2	纤维素	0.3	0.2
壳聚糖	0.4	0.2	抑霉唑	0.2	0.3
2,4-D 钠盐	0.05	0.04	萘乙酸	0.04	0.008
蔗糖酯	0.02	0.05	水	加至 100	加至 100

制备方法 将各组分的原料混合均匀，溶于水，即为柚子保鲜剂。

产品应用 本品主要用作柚子的保鲜剂。

使用方法：将水果放在本产品保鲜剂中 1～2min 即可。

产品特性 本产品配方合理，保鲜效果好，保鲜时间长，生产成本低。

配方 13 柚子整果保鲜剂

原料配比

原料	配比（质量份）					
	1#	2#	3#	4#	5#	6#
施保克	22.5	15	30	—	—	20
多菌灵	—	—	—	—	30	—
苯莱特	—	—	—	30	35	—
特克多	45	45	25	25	—	40
壳聚糖	22.5	30	—	—	—	—
蔗糖酯	—	—	20	20	—	—
羧甲基纤维素	—	—	—	—	20	—
变性淀粉	—	—	—	—	—	20
2,4-D 钠盐	10	10	25	25	15	20

制备方法 将各组分混合均匀即可。

产品应用 本品主要用作柚子整果保鲜剂。

使用方法：用 180 倍的水稀释后浸泡柚子整果。

产品特性 本产品能明显地抑制沙田柚整果贮藏期间各种霉菌生长，用本保鲜剂处理柚子整果后，柚果贮藏 6 个月的无病果率可达 100%。

配方 14 冬枣保鲜剂

原料配比

原料	配比（质量份）		
	1#	2#	3#
硅酸钙	10	15	20
壳聚糖	10	12	14
高锰酸钾	6	7	8
甲壳素	0.5	1	1.5
富马酸二甲酯	9	10	11
木质素	1	2	3
硬脂酸	0.5	1	1.5

制备方法 称取各组分，粉碎后机械混匀，约每 3～5g 装一个塑料袋。

产品应用　本品主要为贮存冬枣的保鲜剂。

使用时，在塑料袋的两个侧面扎孔。每个侧面约有 10 个，孔径小如缝衣针孔。

产品特性

（1）本产品保鲜的机理是控制冬枣有氧呼吸，让其尽量少发生，但是又不能让其进行无氧呼吸，那样会使乙醇大量产生，使冬枣出现酒化现象。果蔬储藏过程中还会产生乙烯，要加以控制。高锰酸钾用于乙烯吸附，硅酸钙有协助脱氧、脱除乙烯的作用。富马酸二甲酯用作防腐剂。

（2）本产品通过调节小环境气体，抑制冬枣的呼吸强度，延缓果实衰老，从而延长果实的保鲜期。本产品贮存冬枣并配合冰温保鲜，其保鲜期可延长至 5 个月以上，且方法简单易行。

配方 15　采前甜柿保鲜剂

原料配比

原料	配比（质量份）		原料	配比（质量份）	
	1#	2#		1#	2#
纳他霉素	20	60	三氯异氰尿酸	10	5
仲丁胺	50	30	三氯异氰尿酸钾	—	10
甲基硫菌灵	80	40	亚氯酸钾	10	10

制备方法　将各组分混合均匀即可。

产品应用　本品主要用作采前甜柿保鲜剂。

使用方法：保鲜剂与水按照 1∶100 的质量比稀释，甜柿采收前的 24～48h 内将保鲜液喷洒于果柄处。

产品特性　本品制作工艺简单，成本低，投资少，使用方便，便于在生产实践中操作使用；具有减少甜柿在贮藏运输中的发霉、腐烂，延缓衰老，保持原有品质等作用，还具有安全、高效、无残留、保鲜效果好的特点。

配方 16　柿子保鲜剂

原料配比

原料	配比（质量份）	原料	配比（质量份）
茶叶	22	荷叶	20
魔芋	19	丁基羟基茴香醚	4
连翘	19	苯甲酸	6
壳聚糖	9	没食子酸丙酯	7

续表

原料	配比（质量份）	原料	配比（质量份）
维生素 E	7	脑磷脂	3
香草酰胺	8	聚赖氨酸	3
迷迭香	11	肉桂酸	3
鼠尾草	10	β-环糊精	3
山梨糖醇	9	双乙酸钠	2
麦芽糖醇	10	山梨酸	2
木糖醇	4	单辛酸甘油酯	6
芝麻油	18	富马酸二甲酯	5
米糠油	20		

制备方法 将各组分原料混合均匀即可。

产品应用 本品主要用作柿子保鲜剂。

产品特性 本产品能够有效降低保鲜剂的附着率，残留较低，同时，毒性低，适合大规模工业化生产的需要。

配方 17　甜柿涂膜保鲜剂

原料配比

原料	配比（质量份）	原料	配比（质量份）
果胶	12	植酸	8
D-异抗坏血酸钠	4	柠檬酸	6
壳聚糖	12	乙醇	20
纳他霉素	0.5	水	37.5

制备方法 按配方分别称取果胶、D-异抗坏血酸钠、壳聚糖、纳他霉素、植酸、柠檬酸、乙醇与水进行混合，即得到一种甜柿涂膜保鲜剂。

产品应用 本品主要用作甜柿涂膜保鲜剂。

使用方法：将上述保鲜剂稀释成 10 倍，以喷淋或浸润方式处理无机械伤痕的鲜硬甜柿果实，沥干水分使甜柿形成涂膜，温度保持在 20～25℃左右，可保存 4 个月左右，果实色泽如初，无萎缩现象。

产品特性

（1）本产品安全无毒，广谱抑菌杀菌性能好；

（2）本保鲜剂能更好地防止水分散发，抗氧化性能优异；

（3）制作成本低廉，操作简单。

配方 18 猕猴桃防腐保鲜剂

原料配比

原料	配比（质量份）	原料	配比（质量份）
丁香和柚皮提取物（质量比为 15：40）	8	葡萄糖	2.5
		柠檬酸	2.5
壳聚糖	3	乙醇	8
纳他霉素	0.3	水	75.7

制备方法

（1）分别称取丁香、柚皮，洗净晾干，用粉碎机粉碎；

（2）所得粉碎物质加入 95% 的乙醇溶液，浸泡 24h 左右，过滤，滤渣再次加入 95% 的乙醇溶液，浸泡 24h 左右，过滤，所得滤液合并后减压浓缩，回收乙醇溶液，真空干燥得到粉末状提取物；

（3）按配方分别称取丁香和柚皮提取物、壳聚糖、纳他霉素、葡萄糖、柠檬酸、乙醇与余量水进行溶解混合，即得到猕猴桃防腐保鲜剂。

产品应用 本品主要用作猕猴桃保鲜剂。

产品特性

（1）本产品安全、无毒，各组分间协同性好，广谱抑菌杀菌性能好。

（2）本保鲜剂能更好地防止水分散发。

（3）本品可有效防止猕猴桃腐烂、萎蔫和霉烂。

配方 19 猕猴桃果实保鲜剂

原料配比

原料	配比/（mg/L） 1#	2#	原料	配比/（mg/L） 1#	2#
草酸	450	450	水杨酸	—	210
萘乙酸	20	20	水	加至 1L	加至 1L
硝酸钙	200	—			

制备方法 将各组分原料混合均匀即可。

产品应用 本品主要用作猕猴桃果实保鲜剂。

使用方法：在猕猴桃果实采摘前 30～40 天将保鲜剂首次均匀喷施叶面及猕猴桃面，喷施至叶面或果面滴水即可，每间隔 7 天喷施一次，共喷施三次，每次喷施处理后 3h 内下雨，需在天晴一天后按照首次喷施方法重新喷施。果实采摘后装入聚乙烯袋内，袋不封口，于常温下贮藏。

产品特性　按照本产品保鲜剂及使用方法对猕猴桃处理后，不仅可有效降低果实采摘后的腐烂率、延长采摘后果实贮藏期，而且还可有效改善、提高果实的风味和品质，具有高效低廉、无毒副作用、绿色环保、操作实施方便、便于大规模推广应用的特点。

配方 20　猕猴桃保鲜剂（一）

原料配比

原料	配比（质量份）		原料	配比（质量份）	
	1#	2#		1#	2#
水	65	70	苯甲酸钠	1	2
柠檬酸	6	8	β-环糊精	2	3
淀粉	11	12	乙酸钠	4	4
壳聚糖	3	5	绿茶粉	7	8
维生素 C	4	6	丙酸钙	4	5
肉桂酸	2	2	山梨酸钾	4	5
磷酸钠	2	3			

制备方法

（1）将水、壳聚糖、磷酸钠、苯甲酸钠、β-环糊精、丙酸钙按照质量份数要求送进搅拌混合器内进行搅拌混合得到一号溶液，所述搅拌混合器的搅拌速度为 25～38r/min，所述搅拌混合器温度控制在 45～56℃；

（2）将一号溶液沉淀 10～15h，再将上清液进行抽取得到二号溶液；

（3）将二号溶液与维生素 C、柠檬酸、绿茶粉、山梨酸钾、淀粉、肉桂酸、乙酸钠按照质量份数要求送进搅拌混合器内进行搅拌混合得到三号溶液，所述搅拌混合器的搅拌速度为 15～25r/min，所述搅拌混合器温度控制在 25～34℃；

（4）将三号溶液过 75 目筛进行过滤，制得猕猴桃保鲜剂。

产品应用　本品是一种猕猴桃保鲜剂。

使用时，将猕猴桃保鲜剂直接喷洒在采摘下来的猕猴桃上即可。使用非常方便，猕猴桃保鲜一般在四到五个月。

产品特性　本品由多种材料配制而成，使用的原材料成本低廉，从而制作成本低；各种成分之间的比例适中，易于储存，安全无毒，并且本品是喷用保鲜剂，使用时在水果表面形成的薄膜具有防腐杀菌性能好、保鲜期长、保湿功效好的特点且食用无毒，不会对人体造成危害。

配方 21　猕猴桃保鲜剂（二）

原料配比

原料		配比（质量份）							
		1#	2#	3#	4#	5#	6#	7#	8#
改性壳聚糖	壳聚糖	50	50	50	50	50	50	50	50
	冰醋酸	5	10	7.5	5	5	5	5	5
	三氯化铁	2	5	3.5	2	2	2	2	2
	硫酸水溶液	6	12	9	6	6	6	6	6
	偶联剂	3	9	6	3	3	3	3	3
	丙烯酰胺单体	10	15	12.5	10	10	10	10	10
改性成膜剂	成膜剂	20	20	20	20	20	20	20	20
	氧化石墨烯	1	3	2	1	1	1	1	1
改性壳聚糖		3	8	5.5	4	7	5.5	3	8
氯化钙		1	3	2	1.5	2.5	2	1	3
植物纤维		10	30	20	12	28	20	10	30
抗氧化剂		5	15	10	6	14	10	5	15
吸附剂		6	20	3	7	18	13	6	20
改性成膜剂		5	10	7.5	6	9	7.5	5	10
杀菌剂		3	9	6	4	8	6	3	9

制备方法

（1）按照如下质量份数称取各原料组分：改性壳聚糖 3～8 份、氯化钙 1～3 份、植物纤维 10～30 份、抗氧化剂 5～15 份、吸附剂 6～20 份、改性成膜剂 5～10 份、杀菌剂 3～9 份；

（2）将改性壳聚糖与氯化钙、植物纤维搅拌混合后，在 45～60℃的环境下倒入抗氧化剂、吸附剂、改性成膜剂和杀菌剂，充分混合后，封装。

原料介绍

改性壳聚糖的制备方法包括以下步骤：

（1）按照质量比称取各组分；将壳聚糖中加入水、冰醋酸混合均匀，在氩气保护的条件下，搅拌反应至壳聚糖完全溶解。

（2）加入三氯化铁与硫酸水溶液形成的混合溶液中，反应并干燥完成后，与偶联剂在高温下混合，再加入丙烯酰胺单体，反应 4h，制得接枝聚合改性壳聚糖。干燥的具体步骤为：在 30～40℃下反应 3～5h 后，于 55～75℃干燥 2～3h，在水中浸泡 5～8h 后，再于 60～70℃干燥 1～3h。

所述改性成膜剂的制备方法包括以下步骤：按照 20：（1～3）的质量比称取成膜剂和氧化石墨烯，并将氧化石墨烯与成膜剂混合充分，即得改性成膜剂。

产品应用　本品是一种猕猴桃保鲜剂。

产品特性　本品在原料组分中添加改性壳聚糖和改性成膜剂，并配合抗氧化剂、吸附剂和杀菌剂，使得制备所得的猕猴桃保鲜剂具备优良的抗氧化效果、吸附效果和杀菌效果，且由冰醋酸、三氯化铁、硫酸、偶联剂和丙烯酰胺单体改性得到的接枝聚合改性壳聚糖，表面积更大，可供抗氧化剂、吸附剂、杀菌剂附着在其上，保证抗氧化剂、吸附剂、杀菌剂能够有效作用在猕猴桃表面；而经氧化石墨烯改性后的改性成膜剂成膜效果更佳，可在猕猴桃表面形成密实有效的膜，使得猕猴桃表皮与空气隔绝，锁住猕猴桃的水分，避免猕猴桃氧化，保鲜效果更佳。

配方 22　猕猴桃贮藏防腐保鲜剂

原料配比

原料		配比（质量份）			
		1#	2#	3#	4#
壳聚糖		20	25	25	40
大豆分离蛋白		30	35	30	50
柿子皮提取物		5	8	6	20
柠檬醛		10	12	15	30
中药提取液		5	5～15	6	15
中药提取液	肉桂	1	1	2	2
	丁香	2	1.5	1	5
	丹皮	3	1.6	1.5	3
	细辛	1	1	1	2
	五倍子	2	3	3	4

制备方法

（1）将柠檬醛、柿子皮提取物和中药提取液混合均匀；

（2）按配方将壳聚糖与步骤（1）所得混合物混合，于室温反应 5～15min 后，再加入大豆分离蛋白继续反应 5～15min 即可。

原料介绍

所述柿子皮提取物的制备过程为：

（1）将柿子皮加入至混合酶液中，于 40～65℃、pH 值为 4～6.5 的条件下酶解 10～15h，然后再在 400～800W 的条件下超声 10～50min，过滤，收集固相产物；所述混合酶包括质量比为（1～3）∶（1～5）的果胶酶和纤维素酶。

（2）于60～100℃水浴条件下，将固相产物加入至质量为其10～40倍的70%～95%乙醇中，提取2～6h即可。

所述水浴提取的过程为65℃水浴条件下，将固相产物加入至质量为其20倍的90%乙醇中，提取2.5h即可。

所述中药提取液为肉桂、丁香、丹皮、细辛、五倍子五种中草药提取液，其比例分别为（1～2）∶（1～5）∶（1～3）∶（1～2）∶（1～4）。

产品应用　本品是一种猕猴桃贮藏防腐保鲜剂。

保鲜方法：将所述保鲜剂喷洒于采摘后的猕猴桃表面；或将猕猴桃置于该保鲜剂溶液中浸泡后取出。

产品特性

（1）壳聚糖、大豆分离蛋白和柠檬醛构建的体系，具有很好的成膜性，能够在猕猴桃表面形成透明的保护膜，限制猕猴桃与外界氧气和二氧化碳的气体交换，降低猕猴桃的呼吸强度和乙烯释放量，且保护膜能够阻止水分的蒸发，防止病菌微生物的污染，可有效延长猕猴的保鲜时间。

（2）柿子皮提取物中的有效成分以黄酮为主要成分，而黄酮具有优异的杀菌抗氧化功效，能够有效地防止猕猴桃被氧化，同时，柿子皮提取物属于天然可食用成分，不会存在安全性问题。

（3）中药提取液的成分复杂多样，可生物降解、无污染，而且中草药资源丰富、安全无毒、价格低廉，有较好的抑菌杀菌作用。肉桂、丁香、细辛、丹皮、五倍子五种中药的提取液合理配比，对指状青霉和意大利青霉的抑制作用最为显著，并且肉桂提取液具有最强的抑菌活性。

配方 23　番木瓜保鲜剂

原料配比

原料	配比（质量份）		
	1#	2#	3#
壳聚糖	2	1.5	1
植酸	1	1	2
吐温-80	0.02	0.02	0.02
水	加至100	加至100	加至100

制备方法　将各组分原料混合均匀即可。

产品应用　本品是一种番木瓜保鲜剂。

保鲜剂用于番木瓜保鲜的处理方法：先对番木瓜进行杀菌清洗，然后浸入保鲜剂中 5～20s。

产品特性

(1) 壳聚糖与植酸组合后，有利于提高贮藏 20 天后番木瓜的品质。

(2) 壳聚糖与植酸组合后，番木瓜呼吸作用显著降低。

配方 24　蜂糖李果实保鲜剂

原料配比

原料	配比/(g/L)				
	1#	2#	3#	4#	5#
壳聚糖	2	4	6	8	10
茶多酚	0.5	1	1.5	2	2.5
二氧化氯	0.005	0.01	0.015	0.02	0.025
维生素 C	0.5	1	1.5	2	2.5
氯化钙	0.2	0.4	0.6	0.8	1
海藻酸钠	0.1	0.2	0.3	0.4	0.5
水	加至 1L	加至 1L	加至 1L	加至 1L	加至 1L

制备方法　将各组分原料混合均匀即可。

产品应用　本品是一种蜂糖李果实保鲜剂。

保鲜方法包括以下步骤：

(1) 蜂糖李果实选择：挑选大小适中、色泽相近、无机械损伤、无病虫害、果形端正、成熟度一致的果实若干；

(2) 保鲜处理：将挑选好的蜂糖李果实浸泡在保鲜剂中，浸泡处理 20min 后，放入室温下自然晾干；

(3) 入库贮藏：置于 4℃冷库储藏 60 天。

产品特性　本品的蜂糖李果实保鲜剂及其保鲜方法，为蜂糖李采后贮运保鲜提供了一种简洁方法，其解决了现有技术中其他保鲜剂保鲜效果不好的技术问题。

配方 25　复合型保鲜剂

原料配比

原料		配比(质量份)		
		1#	2#	3#
抗氧剂	山梨酸	1	—	—
	生育酚	—	2	—
	山梨酸钾	—	—	1.5

续表

原料		配比(质量份)		
		1#	2#	3#
干燥剂	无水硫酸镁	10	20	—
	无水氯化钙	—	—	15
抗坏血酸改性壳聚糖纳米微球		30	50	40
纳米微球	正硅酸乙酯	10	10	10
	硅烷偶联剂 KH602	2	2	2
	乙酸乙酯	50(体积)	50(体积)	50(体积)
	含2%(质量分数)十二烷基磺酸钠溶液	100(体积)	100(体积)	100(体积)
纳米微球的改性	二氧化硅纳米微球	10	10	10
	乙醇	100(体积)	100(体积)	100(体积)
	复合硅烷偶联剂	2	2	2
复合硅烷偶联剂	KH550	3	5	4
	KH560	2	2	2
抗坏血酸改性壳聚糖纳米微球	改性二氧化硅纳米微球	10	10	10
	壳聚糖	3	7	5
	抗坏血酸	1	2	1.5

制备方法 按比例将抗氧剂、干燥剂、抗坏血酸改性壳聚糖纳米微球混合均匀，得到复合型保鲜剂。

原料介绍

抗坏血酸改性壳聚糖纳米微球由以下方法制备而成：

（1）纳米微球的制备：将正硅酸乙酯和硅烷偶联剂溶于乙酸乙酯中，加入表面活性剂溶液，乳化，调节溶液 pH 值为 8～10，反应 3～6h，离心，固体用水洗涤，干燥，得到二氧化硅纳米微球；

（2）纳米微球的改性：将二氧化硅纳米微球分散在乙醇中，加入复合硅烷偶联剂，加热至 60～90℃，反应 1～2h，离心，干燥，得到改性二氧化硅纳米微球；

（3）抗坏血酸改性壳聚糖纳米微球的制备：将改性二氧化硅纳米微球分散在醋酸溶液中，加入壳聚糖和抗坏血酸，加热至 40～60℃，反应 2～4h，得到抗坏血酸改性壳聚糖纳米微球。

所述的分散方法为 1000～2000W 超声分散 30～40min。

所述硅烷偶联剂选自 KH550、KH560、KH570、KH580、KH590、KH602、KH792 中的至少一种。

所述表面活性剂选自十二烷基苯磺酸钠、十二烷基硫酸钠、十二烷基磺酸钠、十六烷基苯磺酸钠、十六烷基磺酸钠、十六烷基硫酸钠、十八烷基苯磺酸钠、十八烷基磺酸钠中的至少一种。

所述复合硅烷偶联剂为带有氨基的硅烷偶联剂和带有环氧基的硅烷偶联剂的复配混合物。

所述带有氨基的硅烷偶联剂选自 KH550、KH602、KH792 中的至少一种；所述带有环氧基的硅烷偶联剂为 KH560。

所述复合硅烷偶联剂为 KH550 和 KH560 的复配混合物，质量比为（3～5）：2。

所述醋酸溶液的质量分数为 5%～10%，所述改性二氧化硅纳米微球、壳聚糖和抗坏血酸的质量比为 10：（3～7）：（1～2）。

所述抗氧剂选自山梨酸、山梨酸钾、生育酚、没食子酸丙酯、茶多酚、花青素中的至少一种。

所述干燥剂选自无水氯化钙、无水硫酸镁中的至少一种。

产品应用　本品是一种复合型保鲜剂。

产品特性

（1）本品通过制备了一种抗坏血酸改性壳聚糖纳米微球，将抗坏血酸和壳聚糖通过硅烷偶联剂固定在二氧化硅纳米微球上，其中，带有环氧基的硅烷偶联剂可以通过与抗坏血酸和壳聚糖上的羟基反应从而起到固定作用，而带有氨基的硅烷偶联剂可以通过与壳聚糖上的氨基发生氢键键连从而起到固定作用，将抗坏血酸和壳聚糖固定化后，制得的抗坏血酸改性壳聚糖纳米微球具有良好的抗氧化性能、抗菌性能；

（2）本品涂抹在新鲜葛根后，对于新鲜葛根有明显的保鲜作用，能显著保持新鲜葛根的含水量以及各种营养成分，延长保质期，提高葛根食用口感。

配方 26　蓝莓保鲜剂

原料配比

原料	配比（质量份）		
	1#	2#	3#
葡甘聚糖	8	9	10
羧甲基纤维素	4	5	6
微晶纤维素	2	3	4
酶抑制剂	1	2	3
抗菌剂	1	2	4
表面活性剂	0.02	0.03	0.04

续表

原料		配比(质量份)		
		1#	2#	3#
酶抑制剂	芒果皮	3	3	4
	陈皮	3	4	4
	甘草	1	1	1
	80%乙醇	适量	适量	适量
抗菌剂	荷叶	1	1	2
	黄芩	5	6	6
	百部	1	1	1
	玉米酒	适量	适量	适量
	水	适量	适量	适量
表面活性剂	大豆磷脂	1	2	2
	β-环糊精	1	1	1
水		适量	适量	适量

制备方法

(1) 酶抑制剂制备：芒果皮、陈皮、甘草粉碎混合后，加入其质量8～10倍的80%乙醇回流提取，过滤，减压回收滤液中的乙醇，制得酶抑制剂；所述乙醇回流提取的条件：温度75～80℃，时间30～40min。

(2) 抗菌剂制备：将荷叶、黄芩、百部粉碎混合，加入其质量0.1%～0.2%的玉米酒搅拌均匀，隔水蒸制35～40min，冷却，获得蒸制药粉；向蒸制药粉中加入其质量12～15倍的水煎煮1.5～2h，过滤制得抗菌剂。

(3) 混合：将葡甘聚糖、羧甲基纤维素、微晶纤维素、表面活性剂与酶抑制剂、抗菌剂混合后，与其质量600～800倍的水一起加到高速剪切机中剪切4～5min，制得蓝莓保鲜剂。

产品应用　本品是一种蓝莓保鲜剂。

产品特性

(1) 葡甘聚糖、羧甲基纤维素、微晶纤维素能在蓝莓果实表面形成保水性好的包膜，能有效减少蓝莓果实中水分和营养成分的损失；而且葡甘聚糖、羧甲基纤维素、微晶纤维素还具有良好的吸附性能，与抗菌剂、酶抑制剂混合后，能将酶抑制剂、抗菌剂中的活性成分充分吸附在膜层结构中。酶抑制剂能有效抑制蓝莓果皮中酶的活性，进而抑制蓝莓果实的氧化作用。抗菌剂能有效灭杀蓝莓果皮中存在的细菌，同时还能防止贮藏环境中的杂菌污染蓝莓。

(2) 本品均匀喷洒在蓝莓果实上，能在蓝莓果实表面形成一层保水性能好、抗氧化、抗菌的薄膜；能降低蓝莓中水分和营养成分的损失，延长蓝莓果的保藏期。

配方 27　长效杨梅保鲜剂

原料配比

原料		配比(质量份)		
		1#	2#	3#
柠檬酸		25	32	35
乳酸钙		12	13	16
维生素C		5	6	8
山梨糖醇		8	10	15
腐蚀剂		10	16	15
木质素		4	5	8
1:4氢氧化钠溶液		适量	适量	适量
酒石酸		8	10	12
去离子水		35~45	41	45
腐蚀剂	茶多酚	2	2	2
	苯甲酸钠	1	1	1

制备方法

(1) 在100~130℃下,将木质素放入搅拌器内,向搅拌器内倒入质量比1:4的氢氧化钠溶液,混合搅拌30~50min后,静置15~20min,再利用膜分离技术,过滤分离,获得第一混合液和杂质。

(2) 将容器加热至45~65℃时,再将腐蚀剂、山梨糖醇、柠檬酸和酒石酸加入容器内进行搅拌,搅拌时间为8~13min,搅拌后获得第二混合液。

(3) 将第一混合液和第二混合液混合搅拌5~9min后,再加入乳酸钙、维生素C和去离子水混合搅拌,搅拌速度为25~35r/min,搅拌温度为25~30℃,搅拌20~28min后,获得保鲜剂。

(4) 将搅拌后的液体经滤布过滤,获得保鲜剂,该保鲜剂为最终产物。

原料介绍

所述的山梨糖醇的制备方法包括以下步骤:

(1) 取葡萄糖水若干份,向葡萄糖水内倒入雷尼镍催化剂进行催化脱氢,获得山梨糖醇粗液,葡萄糖水和雷尼镍催化剂的质量比为1:100;

(2) 将山梨糖醇粗液进行离子交换工艺,在离子交换树脂工艺中持续加入海藻酸钠直至反应结束获得山梨糖醇精制液,加入量为0.2~0.5份/min;

(3) 对山梨糖醇精制液进行3次提取,将提取3次的提取液合并,浓缩至体积为原来的10%,得到山梨糖醇提取液;

（4）将山梨糖醇提取液通过纳滤膜过滤获得山梨糖醇。

产品应用　本品主要是一种长效杨梅保鲜剂。

产品特性　保鲜剂喷洒或喷淋在杨梅上，茶多酚结合苯甲酸钠，抑制微生物滋生，使杨梅表面形成可以杜绝微生物滋生的薄膜，乳酸钙能降低细胞膜的渗透性，配合维生素 C，可降低杨梅的营养和水分的流失。

4 专用蔬菜保鲜剂

配方 1 复配防腐护色保鲜剂溶液

原料配比

原料	配比(质量份)		
	1#	2#	3#
稳定态二氧化氯溶液	50	80	30
食用乙醇	20	10	45
乳酸钠溶液	15	6	1
柠檬酸钠	3	1	2
食用盐	2	—	1
饮用水	10	3	12

制备方法

(1) 将柠檬酸钠、食用盐溶于饮用水中;

(2) 将食用乙醇与部分稳定态二氧化氯溶液混合均匀;

(3) 将乳酸钠溶液与剩余部分稳定态二氧化氯溶液混合均匀;

(4) 将上述步骤(1)、(2)、(3)得到的溶液一起混合均匀;

(5) 将混合均匀溶液经物理澄清、过滤、灌装,得成品。

产品应用 本品主要用作防腐护色的保鲜剂溶液。

使用方法:使用时将上述保鲜剂配成1%~10%水溶液,然后将待处理的新鲜蔬菜浸入保鲜液中一定时间后捞起晾干即可。

产品特性 本产品可有效降低蔬菜水果的菌落总数,稳定蔬菜水果的色泽,同时通过替代传统的硫处理,防止了二氧化硫超标现象,提升了蔬菜、水果的安全性。

配方 2　复配护色保鲜剂

原料配比

原料	配比（质量份）		
	1#	2#	3#
柠檬酸亚锡二钠	30	20	10
焦亚硫酸钠	5	10	15
异抗坏血酸钠	20	25	40
乙二胺四乙酸二钠	10	—	10
植酸钠	—	12	—
柠檬酸钠	33	31	24
二氧化硅	2	2	1

制备方法

（1）将柠檬酸钠用粉碎机粉碎至 60～100 目；

（2）将柠檬酸亚锡二钠、焦亚硫酸钠、二氧化硅倒入混合机中，充分混合 10min；

（3）将抗坏血酸或异抗坏血酸钠、粉碎后的柠檬酸钠、乙二胺四乙酸二钠、植酸钠与步骤（2）制得的混合物倒入搅拌机中，充分混合搅拌，搅拌时间 15～20min，得到保鲜剂产品。

产品应用　本品主要用作蔬菜保鲜剂。

使用方法：使用时将上述保鲜剂先溶于水中配成 1%～10% 浓度的溶液，然后再加入加工蔬菜中充分搅匀即可。

产品特性　本产品通过去除包装容器内部残留氧气、抑制多酚氧化酶的活性、延缓维生素的降解等作用，减缓了加工蔬菜的褐变，保持色泽鲜亮，延长了产品的货架寿命。

配方 3　复配腌渍蔬菜护色保鲜剂

原料配比

原料	配比（质量份）		
	1#	2#	3#
脱氢乙酸钠	8	25	40
乙酸钠	10	25	50
抗坏血酸	5	15	25

续表

原料	配比(质量份)		
	1#	2#	3#
异抗坏血酸钠	5	15	25
植酸钠	1	5	10
柠檬酸钠	10	25	40
柠檬酸	10	25	40
焦亚硫酸钠	1	5	10
氯化钠	10	25	40

制备方法

（1）将柠檬酸、柠檬酸钠、氯化钠用粉碎机粉碎至 60～100 目；

（2）将抗坏血酸、异抗坏血酸钠、植酸钠、焦亚硫酸钠倒入混合机中，充分混合 10min，得到混合物；

（3）将其他成分脱氢乙酸钠、乙酸钠、柠檬酸、柠檬酸钠、氯化钠与步骤（2）制得的混合物倒入搅拌机中，充分混合搅拌，搅拌时间 10～20min，得到保鲜剂。

产品应用　本品主要用作腌渍蔬菜护色保鲜剂。

产品特性　本产品组分合理，制作方便，可有效提高腌渍蔬菜的保存性能，延长其保质期且又安全，使腌渍蔬菜的保存性能比普通市售产品延长一倍以上。

配方 4　蔬菜防腐保鲜剂

原料配比

原料		配比(质量份)							
		1#	2#	3#	4#	5#	6#	7#	8#
抑霉唑硫酸盐		20	40	60	90	45	60	75	90
植物生长调节剂	赤霉素	0.1	2	4	3	—	1	—	—
	噻苯隆	—	—	—	—	5	1	1	0.5
分散润湿剂	Nekal BX	—	—	—	—	—	—	3	—
	Petro AA	—	—	—	—	—	—	—	1
	W-2001	—	—	—	—	—	—	—	1
	TERSPERSE 2700	—	—	—	—	—	—	—	1
	Ufoxane 3A	—	8	—	—	—	—	—	—
	Borresperse NA	1	—	—	—	—	—	—	—
	Morwet D-425	—	—	7	—	—	—	—	—
	Tamol DN	—	—	—	3	—	—	—	—

续表

原料		配比(质量份)							
		1#	2#	3#	4#	5#	6#	7#	8#
分散润湿剂	SOPA-270	—	—	8	—	—	—	—	—
	GY-D06	—	—	—	2	—	—	—	—
	WPA-9001	—	—	—	—	10	—	—	—
	GY-D800	—	—	—	—	10	—	—	—
	CP9	—	—	—	—	—	3	—	—
	WPA9026	—	—	—	—	—	2	—	—
	十二烷基苯磺酸钠	—	—	—	—	—	2	—	—
	十二烷基硫酸钠	—	—	—	—	—	—	2	—
助溶剂	硼酸	1	—	—	—	—	—	4	—
	柠檬酸	—	5	—	—	10	—	3	—
	苹果酸	—	—	15	—	5	10	—	—
	苯甲酸	—	—	—	—	5	—	—	5
	酒石酸	—	—	—	1	—	—	—	—
	硫酸钠	77.9	—	—	—	—	21	—	—
	硫酸铵	—	45	—	—	—	—	8	1
填料	陶土	—	—	6	—	—	—	4	—
	白炭黑	—	—	—	1	—	—	—	0.5
	轻质碳酸钙	—	—	—	—	10	—	—	—

制备方法　将抑霉唑硫酸盐原药、植物生长调节剂、分散润湿剂、助溶剂、填料按照一定比例进行充分混合后，再进行粉碎。

原料介绍

所述的分散润湿剂为磺酸盐类、硫酸盐类、聚羧酸盐类中的一种或多种。

所述的磺酸盐类分散润湿剂包括木质素磺酸盐、烷基萘磺酸盐、烷基苯磺酸盐。涉及的商品包括 Borresperse NA、Ufoxane 3A、Morwet D-425、Tamol DN、十二烷基苯磺酸钠、Nekal BX、Petro AA。

所述的硫酸盐类分散润湿剂包括烷基酚聚氧乙烯基醚甲醛缩合物硫酸盐、烷基硫酸盐。涉及的商品包括 SOPA-270、WPA-9001、WPA9026、十二烷基硫酸钠、W-2001。

所述的聚羧酸盐类分散润湿剂包括丙烯酸和顺丁烯二酸的共聚物钠盐和铵盐、甲基丙烯酸和顺丁烯二酸的共聚物钠盐和胺（铵）盐、丁烯二酸与苯乙烯的共聚物钠盐和铵盐。涉及的商品包括 GY-D06、GY-D800、TERSPERSE 2700、CP9。

产品应用 本品主要用于蔬菜的贮藏保鲜。

蔬菜保鲜剂的应用：将上述蔬菜保鲜剂配方兑水稀释，使用时控制抑霉唑硫酸盐的浓度在 $300\sim1500mg/L$。使用上述配好的保鲜剂浸泡或者喷洒处理蔬菜，浸泡时间为 $1\sim10s$，入库预冷、贮藏。

产品特性 本产品应用于蔬菜保鲜效果良好，在合适的冷藏条件下，蒜薹能够贮藏7个月，西芹能够贮藏4个月，甘蓝能够贮藏5个月。本品具有高效、使用方便、病菌不易产生抗性等优点，能够有效保持蔬菜新鲜度，延长贮藏时间。

配方5　环保蔬菜保鲜剂

原料配比

原料	配比（质量份）			
	1#	2#	3#	4#
焦亚硫酸钠	90	100	90	100
硬脂酸钙	1	5	5	1
硬脂酸	1	5	1	5
明胶	1	5	5	1
蔗糖脂肪酸酯	2	5	2	2

制备方法 将全部原料混合，搅拌均匀，即得产品。

产品应用 本品主要用作蔬菜保鲜剂。使用时，配制成 $1\%\sim2\%$ 的水溶液，将蔬菜浸入 $3\sim5min$ 后，提起沥干存放，即可保鲜30天以上。

产品特性 本产品具有原料易得，成本低，绿色环保，使用方便，效果好的优点。

配方6　低成本蔬菜保鲜剂

原料配比

原料	配比（质量份）	原料	配比（质量份）
亚硫酸氢钠	5	水	1000
柠檬酸	1		

制备方法 按上述配方计量备料，把两种原料用水溶解变为溶液，然后用不锈钢桶或玻璃容器盛装备用。

产品应用 本品主要用作蔬菜保鲜剂。

该蔬菜保鲜剂的用法：将采摘下来的果蔬（如瓜果或茎秆类）洗净，并去除水分，然后放入保鲜液中，保鲜液也可以用喷雾的办法向果蔬进行喷洒，但用量以果蔬总量的 1％～3％的量为好。喷涂保鲜液后果蔬必须用塑料袋或塑料箱包装，无论是浸泡或喷洒都必须把成品放置于阴凉干燥处。

产品特性 本产品使用简单，保鲜效果显著，对大部分果蔬（如洋葱、萝卜、瓜果等）都适用，在 10～20℃左右的环境中储藏可保鲜 10 天左右，在 5℃左右可保鲜 20～30 天。

配方 7 含曲酸食用菌保鲜剂

原料配比

原料		配比（质量份）		
		1#	2#	3#
曲酸	葡萄糖	1.2	2.0	1.1
	磷酸氢二钾	0.01	0.01	0.005
	氯化钾	0.005	0.005	0.003
	硫酸镁	0.005	0.005	0.0025
	硫酸亚铁	0.0001	0.0002	0.00015
	酵母膏	0.02	0.02	0.02
	硝酸铵	0.04	0.04	0.02
	曲酸发酵液体菌种	1	1.2	0.9
	水	加至 10	加至 20	加至 10
	活性炭	3	3	1
曲酸		10	5	8
环糊精		15	10	12
麦芽糊精		75	85	80

制备方法

(1) 发酵：按葡萄糖 10％～12％、磷酸氢二钾 0.05％～0.1％、氯化钾 0.025％～0.05％、硫酸镁 0.025％～0.05％、硫酸亚铁 0.001％～0.002％、酵母膏 0.1％～0.2％、硝酸铵 0.2％～0.4％质量比例制备液体发酵培养基，常规操作灭菌，按液体质量 6％～10％无菌操作接入曲霉发酵液体菌种，恒定温度 (30±1)℃，搅拌速度 150～200r/min，罐压 0.065～0.07MPa，持续发酵至测定发酵液曲酸含量达到 4～5g/100mL 即终止发酵；

(2) 提取分离：将成熟发酵液加热至 80～85℃，维持 15～20min，采用抽滤或压滤方式进行固液分离，获得黄色至棕黄色透明液体；

(3) 脱色、离子交换：将滤液加热至 80～85℃，按液体质量加入 1％～3％的活性炭，控制搅拌速度 80～90r/min，脱色 20～30min，固液分离，获得浅黄色透明液体，滤液调 pH 至 4.5～5.5，进行离子交换纯化并收集交换液；

(4) 浓缩结晶：将离子交换收集液在 60～70℃，真空度 13～14kPa，减压浓缩至曲酸含量 9%～15%，控制温度 10～15℃，结晶 24～30h，离心分离晶体与结晶母液，晶体经气流干燥并粉碎至 60～80 目，得曲酸颗粒；

(5) 复配步骤：将曲酸、环糊精、麦芽糊精按原料配比，用三维混合机混合均匀，用铝箔袋分装制得含曲酸食用菌保鲜剂。

产品应用 本品主要用于各种食用药用菌类鲜品的保鲜。

使用方法：将上述制剂经水稀释后制成喷雾液或浸泡液，对食用菌进行保鲜处理。例如用 0.1% 喷雾液喷洒至食用菌表面，或者用 1% 浸泡液浸润食用菌 20min，均能达到理想的保鲜效果。

产品特性

(1) 保鲜效果好，通过实验表明，用 0.1%～1% 曲酸食用菌保鲜剂分别喷雾、浸润平菇、金针菇后，五天无褐变。

(2) 操作简便，食用药用菌类的鲜品，采用喷雾、浸润的方式即可进行保鲜处理。

(3) 保鲜处理安全，食用菌安全控制指标符合国家食品质量要求。

(4) 制备成本低，与辐照、低温及气调库相比，所需设备少，成本低。

配方 8　虎掌菌菌丝体保鲜剂

原料配比

原料		配比（质量份）		
		1#	2#	3#
虎掌菌菌丝体提取液	麦芽糖	8	6	3.5
	玉米粉	2	1	3
	麦麸	2	3	5
	$MgSO_4$	0.3	0.15	0.06
	KH_2PO_4	0.2	0.1	0.07
	$ZnSO_4$	1.0	1.4	0.7
	维生素 B_1	0.1	0.05	0.02
	α-萘乙酸（NAA）/(mg/L)	1.5	9	5
	对氯苯氧乙酸（4-CPA）/(mg/L)	9.5	1.5	5
	水	加至 100	加至 100	加至 100
	纤维素酶	0.5	1	2
	木瓜蛋白酶	2	1	0.5
虎掌菌菌丝体提取液		30	40	20

续表

原料	配比(质量份)		
	1#	2#	3#
琼脂	0.8	0.6	0.4
羧甲基壳聚糖	3	2	0.8
柠檬酸	1.126	0.6	1.2
柠檬酸钠	0.2	0.1	0.15
水	加至100	加至100	加至100

制备方法

(1) 选料：选用生长旺盛、饱满、无污染的虎掌菌母种；

(2) 培养：培养基材料及其用量的质量分数为麦芽糖3%～8%、玉米粉1%～3%、麦麸2%～5%、$MgSO_4$ 0.05%～0.3%、KH_2PO_4 0.06%～0.2%、$ZnSO_4$ 0.6%～1.4%、维生素B_1 0.01%～0.1%、α-萘乙酸（NAA）1～10mg/L、对氯苯氧乙酸（4-CPA）1～10mg/L、余量为水，在上述培养基中接入虎掌菌母种，在23℃下摇床培养7～14天，取菌丝体于60℃烘箱中烘干后粉碎备用；

(3) 浸提：将虎掌菌菌丝体先用同等质量的水浸泡，再用100～420W的超声波进行前处理，处理时间15～60min，再将处理过的虎掌菌菌丝体补水至料液质量比为1:(20～1):40后放入浸捉罐中，加热升温至40～60℃，调pH值至4～6，加入浸提液质量0.5%～2%的纤维素酶，酶促反应30～60min，再加入浸提液质量0.5%～2%的木瓜蛋白酶，酶促反应30～60min后，升温至80～100℃并保温浸提0.5～2h；

(4) 过滤浓缩：过滤取汁，其滤渣加10～30倍质量的水，以上述同样条件浸提，之后过滤取汁，将两次滤液合并后减压浓缩到原体积的1/4～1/6，即为虎掌菌菌丝体提取液；

(5) 调配：调配材料及其用量的质量分数为虎掌菌菌丝体提取液20%～40%、琼脂0.4%～0.8%、羧甲基壳聚糖0.5%～3%、柠檬酸0.5%～1.2%、柠檬酸钠0.08%～0.2%、其余为水，将上述材料进行混合调配，即得保鲜剂成品。

产品应用 本品主要用作野生菌保鲜剂。

涂膜保鲜：将待保鲜蘑菇浸入配制好的保鲜剂中，约经30s后取出，用冷风风干，待表面的被膜干燥后即可进行常温贮藏保鲜。

产品特性 本产品主要用于对松茸、羊肚菌、鸡枞等高档野生食用菌的采后涂膜保鲜，可以将其保鲜期延长至6～9天，从而可以大大降低这些高档野生食用菌在贮运期间变质的程度，提高其商品价值。

配方 9　滑菇保鲜剂

原料配比

原料	配比(质量份)	原料	配比(质量份)
植酸	0.5	对羟基苯甲酸甲酯钠	0.002
丁酰肼	0.0003	水	加至 100

制备方法　将各组分原料混合均匀，溶于水。

产品应用　本品主要用作滑菇的保鲜。保鲜方法如下：

(1) 滑菇采摘前 3～5h，用配制的保鲜剂喷涂滑菇，晾干，采摘；晾干过程中对菇房内进行空气循环。对滑菇房换新风来强制空气循环，加速保鲜液晾干。滑菇表面不粘手后，开始采摘，采摘过程中注意轻拿轻放。

(2) 短波紫外线辐照处理，即完成滑菇的保鲜处理。在短波紫外线光源与滑菇的距离为 15～35cm 条件下进行短波紫外线辐照处理。短波紫外线照射的剂量为 1～5kJ/m² 短波紫外线辐照处理 10～30min。

辐照剂量过低不能通过影响滑菇采后生理的方式提高货架期，而辐照剂量过高则会引起滑菇色泽在其后的贮藏期内，发生快速明显的褐变。辐照距离和时间对保鲜作用的影响，主要指采用相同的短波紫外灯管时，辐照时间越长或辐照距离越短，单位时间内接受的辐照剂量则越大；辐照时间越短或辐照距离越长，单位时间内接受的剂量就越小。一般来说，辐照剂量过大，滑菇在贮藏期容易发生快速明显的褐变，而辐照剂量过小，则无法改变滑菇采后生理的方式，因此不能提高货架期。

(3) 贮藏方法：用短波紫外线辐照处理后取出滑菇，采用 PE 保鲜袋不打孔进行包装；将包装好的滑菇置于 (2±1)℃，相对湿度为 90% 的冷库中贮藏。

产品特性

(1) 在采收前进行喷涂保鲜处理，可避免保鲜处理对滑菇外观和品质的影响，另外，采用强制通风对其进行冷风晾干，可以起到节能和提高产品品质的作用。

(2) 本产品所用的设备仅涉及短波紫外灯管一种易耗品，相对成本较低，且设备操作简单，能够有效降低对滑菇表面造成的机械损伤。

(3) 采用短波紫外短时处理滑菇，通过影响滑菇等真菌的采后生理变化，可以抑制变色和老化的问题，降低呼吸强度和多酚氧化酶的活性，进而延长滑菇的货架期。

(4) 将保鲜剂和短波紫外对滑菇联合处理，可以有效提高货架期，常温下可以延长货架期 3～5 天，低温下 (4～6℃) 可延长 15～18 天。

配方 10 蘑菇保鲜剂

原料配比

原料		配比(质量份)		
		1#	2#	3#
大红菇菌丝体提取液	麦芽糖	10	8	5
	玉米粉	4	2	3
	黄豆粉	2	2	4
	麦麸	1	2	3
	CaCl₂	0.1	0.08	0.18
	KH₂PO₄	0.06	0.08	0.12
	ZnSO₄	0.6	0.7	1.3
	MgSO₄	0.6	0.8	0.9
	维生素 B₂	0.01	0.06	0.1
	赤霉素(GA)	1.5 mg/L	9 mg/L	4.5 mg/L
	α-萘乙酸(NAA)	9.5 mg/L	1.5 mg/L	5.5 mg/L
	水	加至 1L	加至 1L	加至 1L
	纤维素酶	0.5	1	2
大红菇菌丝体提取液		35	45	25
琼脂		0.5	0.3	0.9
羧甲基壳聚糖		1.6	2	3
柠檬酸		0.6	0.7	1.0
柠檬酸钠		0.3	0.1	0.3
水		加至 100	加至 100	加至 100

制备方法

(1) 培养大红菇菌丝体:培养基材料及其用量的质量分数为麦芽糖 4%～10%、玉米粉 2%～4%、黄豆粉 2%～4%、麦麸 1%～4%、CaCl₂ 0.06%～0.2%、KH₂PO₄ 0.06%～0.2%、ZnSO₄ 0.6%～1.4%、MgSO₄ 0.6%～1.4%、维生素 B₂ 0.01%～0.1%、赤霉素(GA)1～10mg/L、α-萘乙酸(NAA)1～10mg/L、余者为水,在上述培养基中,接入大红菇母种,在 23℃下。摇床培养 10～16 天,取菌丝体于 65℃烘箱中烘干后粉碎备用;

(2) 浸提:将粉碎后的大红菇菌丝体先用同等质量水浸泡,经微波处理 1～5min 后补水至 1:(20～1):40(料液比质量比),加热升温至 40～60℃,调 pH 值至 4～6,加入浸提液质量 0.5%～2%的纤维素酶,酶促反应 30～60min 后,升温至 80～100℃灭酶并保温浸提 1～2h;

(3) 过滤浓缩:过滤取汁,其滤渣加 10～30 倍质量的水,以上述同样条件浸提,之后过滤取汁,将两次滤液合并后减压浓缩到原体积的 1/3～1/5,即为

大红菇菌丝体提取液;

(4) 调配:将大红菇菌丝体提取液、琼脂、羧甲基壳聚糖、柠檬酸、柠檬酸钠和水进行混合调配,即得保鲜剂成品。

产品应用 本品主要用作蘑菇保鲜剂。

涂膜保鲜:将待保鲜蘑菇浸入配制好的保鲜剂中,约经 30 秒后取出,用冷风风干,待表面的被膜干燥后即可进行常温贮藏保鲜。

产品特性 本产品提供了一种以大红菇食用菌菌丝体为主要原料制备保鲜剂的方法。因本产品主要用于对松茸、羊肚菌、鸡枞等高档野生食用菌的采后涂膜保鲜,可以将其保鲜期延长至 5~9 天,从而可以大大降低这些高档野生食用菌在贮运期间变质的程度,提高其商品价值。

配方 11 蘑菇专用保鲜剂

原料配比

原料	配比(质量份)		原料	配比(质量份)	
	1#	2#		1#	2#
L-半胱氨酸	0.3	0.7	乙二胺四乙酸二钠	0.07	0.09
硬脂酸	0.4	0.3	水	加至 100	加至 100
植酸	0.2	0.1			

制备方法 将各组分原料按配比混合均匀,溶于水,即为蘑菇保鲜剂。

产品应用 本品主要用作蘑菇的保鲜剂。

产品特性 本产品配方合理,工作效果好,生产成本低。

配方 12 食用菌绿色保鲜剂

原料配比

原料	配比/(g/L)	原料	配比/(g/L)
1%醋酸溶液	1000	1-MCP	150μg
壳聚糖	10		

制备方法 将各组分溶解在 1%醋酸溶液中,搅匀即可。

产品应用 本品主要用作食用菌绿色保鲜剂。

绿色保鲜剂使用工艺:

(1) 子实体采收处理:一手平握菌袋,一手紧掐菇柄底部向一侧翘缝顺时(逆时针)旋转拔起。将采收子实体小心放入采收筐中,尽量减少机械损伤。

(2) 保鲜剂涂膜:将配制好的保鲜剂放于洁净的盆皿中,倒入子实体,子实体数量以没液面为宜，静置 1～2min，沥出。

（3）子实体包装：将沥出的子实体放入气调袋中，封口。

产品特性 本产品选用绿色环保的生物资源作为保鲜剂主要材料，从根本上杜绝了化学保鲜剂对人体的毒副作用，且本产品所使用的壳聚糖为可以再生资源，来源丰富，该产品成本低廉，效果良好。

配方 13 双孢蘑菇复方保鲜剂

原料配比

原料	配比（质量份）			
	1#	2#	3#	4#
脯氨酸	0.1	1	1.5	2
组氨酸	0.1	1	1.5	2
维生素 C	0.5	3	6	8
EDTA	1	2	6	8
蒸馏水	1000（体积）	1000（体积）	1000（体积）	1000（体积）

制备方法 将上述原料按配比混合均匀，溶于水。

产品应用 本品主要用于双孢蘑菇保鲜。

应用方法：保鲜剂添加的量以水面没过菇体为宜，具体每克双孢蘑菇添加复方保鲜剂的量为 2～3mL。同时可根据复方保鲜剂的洁净程度循环利用 1～2 次。

本生物复合保鲜剂的应用可结合瞬间真空促渗技术，将双孢蘑菇放到预冷后的复方保鲜剂中，真空促渗 3～4s，之后干燥保藏。复方保鲜剂预冷至 5℃ 以下为宜。真空促渗的真空度为 0.05～0.07MP。保藏优选温度 0～5℃ 进行。干燥可用冷风机吹干或低温下晾干。

产品特性 本产品的复方保鲜剂保鲜时间长、品质好，对人体无任何毒副作用，安全环保。其应用方法操作简单、成本低。本产品的双孢蘑菇复方保鲜剂是一种水溶剂，该保鲜剂完全属于可食型的复方保鲜剂，安全环保，且能有效抑制双孢蘑菇的褐变从而达到保鲜的目的。

配方 14 鲜竹笋防腐保鲜剂

原料配比

原料	配比（质量份）		
	1#	2#	3#
果胶	3	4	5
异抗坏血酸钠	0.8	1.0	0.8

续表

原料	配比（质量份）		
	1#	2#	3#
壳聚糖	5	4	3
纳他霉素	0.3	0.3	0.3
柠檬酸	2.5	2.5	2.5
乙醇	8	8	8
水	80.4	80.2	80.4

制备方法

（1）按配方称取乙醇和蒸馏水，进行混合，形成混合溶液；

（2）将计量的柠檬酸、纳他霉素溶解于第一步的混合溶液中，分别称取果胶、异抗坏血酸钠、壳聚糖，依次加入上述溶液中，充分搅拌，溶解，即得到防腐保鲜剂。

产品应用　本品主要用作鲜竹笋防腐保鲜剂。

使用方法：将剥壳、新鲜的竹笋浸泡于上述保鲜剂中 30min～1h，捞起，沥干，用保鲜袋封装，在 4℃下保存，储存 6～7 个月，鲜笋腐烂率低于 2％，失水率低于 2.5％。25℃下储存 30 天不变色，不老化，新鲜如初。

产品特性

（1）本产品安全、无毒，各组分间协同性好，广谱抑菌杀菌性能好。

（2）本保鲜剂形成薄膜能更好地防止水分散发。

（3）本品可有效防止鲜竹笋木质化、色变、腐烂、萎蔫。

配方 15　方便腐竹高温杀菌专用防褐变保鲜剂

原料配比

原料	配比（质量份）		
	1#	2#	3#
高温抗褐变剂	1	3	2
成膜剂	0.5	1.5	1
保鲜剂	0.5	2.5	1.5
油性分散剂	5	25	15
抗氧化剂	0.5	1	0.8
水	92.5	67	79.7

制备方法　调节 pH 值，将成膜剂溶于乙醇水溶液中，加入高温抗褐变剂恒

温搅拌，再加入油性分散剂、保鲜剂和抗氧化剂搅拌均匀，在 $1.6 \times 10^4 \sim 2 \times 10^4 r/min$ 条件下均质 20min，喷雾干燥进风温度 $185 \sim 215℃$，出风温度 $60 \sim 80℃$ 制成粉末。

原料介绍

所述的高温抗褐变剂为维生素 C、异维生素 C 钠、葡萄糖氧化酶、半胱氨酸等，以其中一种或几种；

所述的成膜剂为蜂蜡、壳聚糖、蜂胶、阿拉伯胶等，以其中一种或几种复配；

所述的保鲜剂为山梨酸、乳酸链球菌素、聚赖氨酸、甘露聚糖等，以其中一种或几种复配；

所述的油性分散剂为柠檬酸、甘油、蔗糖酯、吐温-80 等，以其中一种或几种复配；

所述的抗氧化剂为茶多酚、维生素 E、卵磷脂、甘草抗氧化物等，以其中一种或几种复配。

产品应用　本品主要用作腐竹高温杀菌专用防褐变保鲜剂。

产品特性　本产品均以天然食品添加剂为原料，是通过高温抗褐变剂抑制方便腐竹在高温杀菌过程中褐变，保鲜剂起到防腐保鲜的作用，与成膜剂、分散剂和抗氧化剂等功能成分共同作用，从而防止高温条件下腐竹褐变、腐烂和粘连等问题。该保鲜剂成本低，使用量少，保鲜效果好，无毒无公害，用该保鲜剂处理的方便多味腐竹，贮藏 14～16 个月，腐竹色泽淡黄，有光泽，出品率达 85%，保鲜效果良好。

配方 16　佛手果实保鲜剂

原料配比

原料		配比（质量份）	原料		配比（质量份）
A 剂	克螨特	1.0～8.0	B 剂	谷胱甘肽	0.1～1.0
	多菌灵	10.0～20.0		维生素 C	0.5～3.0
	次氯酸钠	5.0～20.0		氯化钙	2.0～5.0
	水溶液	52.0～84.0		甘油	10～20
B 剂	壳聚糖	15.0～20.0		水溶液	51～72.4

制备方法　将上述各组分混合均匀溶于水中。

产品应用　本品主要用作佛手果实保鲜剂。

使用过程如下：

（1）A 剂稀释后浸泡：将佛手果实浸泡于稀释 10～30 倍后的 A 剂中 10～

20min（注意：稀释后的 A 剂使用期限为 10～24h）；

（2）冲洗及晾干：干净的自来水冲洗 2～3 遍，保证去除消毒剂残留，佛手果实在通风处室温晾干；

（3）B 剂稀释后浸泡（喷洒）：将佛手果实浸泡于稀释 10～20 倍后的 B 剂中 3～5min，或用稀释后的 B 剂均匀喷洒于果实表面；

（4）晾干：佛手果实在通风避光处室温晾干；

（5）包装：经上述过程处理的佛手果使用保鲜袋包装后装箱贮藏。

产品特性

（1）保鲜效果明显，佛手的商品价值主要体现在外观、香气等方面。使用本方法处理的果实能在很长的时间内维持较好的外观和香气，并且腐烂率、失重率都大大降低。

（2）适用范围广，由于佛手外观形状极不规则，很难进行统一的处理。但是保鲜剂的浸蘸或喷洒处理适用于所有佛手品种，不论其外观大小或形状如何。

（3）绿色环保，本保鲜剂的组成成分都为食品级，可直接食用，也不会影响佛手果实的后续加工（切片、晾晒等）。

配方 17　茭白笋防腐保鲜剂

原料配比

原料	配比(质量份)	原料	配比(质量份)
果胶	5	壳聚糖	5
植酸	2.5	纳他霉素	0.3
D-异抗坏血酸钠	0.8	水	86.4

制备方法　按配方分别称取果胶、植酸、D-异抗坏血酸钠、壳聚糖、纳他霉素，依次加入蒸馏水中，进行搅拌，混合，即得到茭白笋防腐保鲜剂。

产品应用　本品主要用作茭白笋防腐保鲜剂。

使用方法：将保鲜剂以 1∶10 进行稀释，将剥壳、新鲜的茭白笋浸泡于所稀释的保鲜剂中 15～30min，捞起，沥干，用保鲜袋封装，在 4℃下保存，储存 6 个月，鲜笋腐烂率低于 2%，失水率低于 2.5%。25℃下储存 30 天不变色，不软腐，新鲜如初。

产品特性

（1）本产品安全、无毒，各组分间协同性好，广谱抑菌杀菌性能好。

（2）本保鲜剂形成薄膜能更好地防止水分散发。

（3）本品可有效防止茭白笋色变、腐烂、萎蔫、黑心。

配方 18　金针菜保鲜剂

原料配比

原料	配比(质量份)	原料	配比(质量份)
石榴皮	20	次氯酸钙	15
橘子皮	15	6-苄氨基嘌呤(6-BA)	0.02
金银花	13	蒸馏水	加至1000(体积)

制备方法　取石榴皮、橘子皮和金银花加入相当于所述的石榴皮、橘子皮及金银花总质量10倍量的70%乙醇使用超声波进行提取，超声频率为40Hz，提取温度为40~50℃，提取3次，每次提取20~30min；合并提取液，过滤，滤液减压浓缩至合并后提取液体积的1/10~1/9浸膏状，其浓缩温度为55~65℃，压力为0.085MPa，再把浸膏-20℃预冻2h后，装入真空冷冻干燥机进行冷冻干燥，冷凝温度-45℃，压力0.065MPa，得到冻干粉；然后将所得冻干粉与次氯酸钙、6-BA混匀，加蒸馏水至总体积1000，用均质机均质，均质速度为10000~15000r/min，均质时间为1~2min，均质温度为70~85℃。

产品应用　本品主要用作金针菜保鲜剂。在使用时按照500~1000倍体积进行稀释。

保鲜方法：

(1) 金针菜保鲜处理：用本产品所述的金针菜保鲜剂浸泡金针菜5min，沥干；

(2) 使用1.0%~1.5%的壳聚糖对上述沥干的金针菜进行涂膜；

(3) 涂膜后的金针菜，用0.03mm厚的薄膜包装；

(4) 货架期处理：进行常温货架期保存，温度为20~22℃。

其中，所述金针菜在采摘时选取八成熟的金针菜。

产品特性

(1) 本产品能有效防止金针菜的腐败，同时还可有效延缓金针菜因有机物氧化而导致的衰老或开花的产生。

(2) 本产品的保鲜方法安全、高效、便捷，在保持金针菜品质的同时，可有效延缓金针菜的开花，降低金针菜的腐烂率；在常温下9天的货架期中金针菜商品率为85%以上，没有褐变发生，而且金针菜维生素C含量保持在32.15mg/100g以上，与新鲜的金针菜最初的维生素C含量34.63mg/100g相比相差无几。

配方 19   金针菜贮存保鲜剂

原料配比

原料	配比(质量份)		
	1#	2#	3#
二氧化氯粉剂	40	60	50
食盐	15	25	20
大蒜	20	40	30
乳酸粉	10	20	15
壳寡糖	6	8	7
羧甲基甲壳素	2	3	2
苯甲酸钠	1	3	2
柠檬酸	2	4	3

制备方法   将各组分原料混合均匀即可。

产品应用   本品主要是一种金针菜保鲜剂。

金针菜保鲜方法包括以下步骤:

(1) 将金针菜在 85~95℃的条件下热烫 0.8~1.2min;

(2) 金针菜热烫完成后放入-2~0℃的冷却液中进行冷却,冷却 4~6min;

(3) 对冷却浸泡完成后的金针菜进行沥水;

(4) 对沥水后的金针菜进行臭氧处理;

(5) 将臭氧处理后的金针菜和保鲜剂装入保鲜袋中,进行冷藏,冷藏温度为 1~3℃。

产品特性   本品保鲜剂配方科学合理、制备简单,通过和保鲜方法相互配合实现对金针菜的保鲜,其保鲜效果好。

配方 20   金针菇保鲜剂

原料配比

原料	配比(质量份)		
	1#	2#	3#
赤芍	8	9	10
茴香	2	3	4
诃子	1	1.5	2
柠檬草	8	9	10
陈皮	3	3.5	4

续表

原料		配比（质量份）		
		1#	2#	3#
青蒿		10	12	15
穿心莲		8	9	10
稳定剂		0.05	0.08	0.1
氧化酶抑制剂		0.2	0.25	0.3
成膜剂		0.5	0.6	1
表面活性剂	大豆磷脂	0.01	0.015	0.02
稳定剂	微晶纤维素	2	3	3
	茶多酚	1	1	1
氧化酶抑制剂	酒石酸	2	2	3
	苹果酸	1	1	1
	维生素 C	0.5	0.5	0.5
成膜剂	羧甲基纤维素	3	4	4
	卡拉胶	1	1	1

制备方法　将赤芍、诃子、青蒿、穿心莲粉碎混合，调节其含水量为30%～40%，加入其质量0.03%～0.04%的菌剂 A 在25～30℃发酵3～4d，制得发酵物；向发酵物中加入其质量12倍的60%乙醇加热至80～85℃，保温提取30～40min，过滤，回收滤液中的乙醇，制得提取液；将柠檬草、茴香、陈皮粉碎混合，加入8倍水加热至50～60℃，保温，微波提取20～30min，过滤，分离出滤液中的精油，获得植物精油；将提取液、植物精油与稳定剂、氧化酶抑制剂、成膜剂、表面活性剂混合后成混合物，再将混合物与其质量200倍的水一起送到高速剪切乳化机中剪切乳化成乳液，即得金针菇保鲜剂。微波提取的功率为300～350W。

原料介绍

所述菌剂 A 为酵母菌。稳定剂由微晶纤维素、茶多酚按（2～3）∶1的质量比混合组成。氧化酶抑制剂由酒石酸、苹果酸、维生素 C 按（2～3）∶1∶0.5的质量比混合组成。成膜剂由所羧甲基纤维素、卡拉胶按（3～4）∶1的质量比组成。表面活性剂为大豆磷脂。

产品应用　本品是一种金针菇保鲜剂。

产品特性

（1）赤芍、茴香、诃子、柠檬草、陈皮、青蒿等草药提取物含有酚类、黄酮类、精油类天然抗菌物质，对金针菇采后的病原菌如金黄色葡萄球菌、青霉菌、曲霉菌、大肠杆菌等具有较强的抑菌作用。氧化酶抑制剂能抑制香菇内氧化酶的作用，进一步减缓金针菇的代谢。稳定剂能使金针菇保鲜剂中的有效成分在自然环境中保持良好的稳定性，延长保鲜剂的作用。成膜剂、表面活性剂能使金针菇保鲜剂在金针菇表面形成一层薄薄的膜状物，与金针菇表面具有良好的黏合性。

（2）本品能有效抑制金针菇内氧化酶等酶的活性，减缓金针菇的代谢作用；能抑制金针菇采收后的金黄色葡萄球菌、青霉菌、曲霉菌、大肠杆菌等病原菌，防治病原菌加快金针菇腐败；且稳定性好，保鲜时间长。

配方 21　鲜切莲藕防褐变保鲜剂

原料配比

原料		配比（质量份）	
		1#	2#
大蒜与柚皮提取物	大蒜	40	35
	柚皮	20	22
	乙醇①	50	50
	乙醇②	50	50
大蒜与柚皮提取物		12	10
羧甲基壳聚糖		6	5
纳他霉素		0.2	0.2
植酸		4	5
食盐		30	30
灭菌水		74.8	76.8

制备方法

（1）取质量份数为30～50份的大蒜剥壳去蒂，洗净晾干，用粉碎机粉碎；

（2）取质量份数为15～25份的柚皮，洗净晾干，用粉碎机粉碎；

（3）将步骤（1）和步骤（2）所得粉碎物质混合，加入乙醇①搅拌24h左右，过滤，滤渣加入乙醇②搅拌24h左右，过滤，所得滤液减压浓缩回收溶剂得浸膏，将浸膏真空干燥得到一种粉末状提取物；

（4）取上述混合提取物5～20份，羧甲基壳聚糖3～8份，纳他霉素0.1～1份，植酸3～6份，食盐2～5份与余量水进行混合，即得到鲜切莲藕防褐变保鲜剂。

产品应用　本品主要应用于藕、土豆、莴笋等鲜切蔬菜的保鲜护色。

使用方法：将本保鲜剂以1∶10进行稀释，将新切片莲藕浸泡于所稀释的保鲜剂中3～5min捞起，沥干，用保鲜袋封装，在4～10℃下储存。

产品特性

（1）本产品安全、无毒，各组分间协同性好，广谱抑菌杀菌性能好；

（2）本保鲜剂形成薄膜能更好地防止水分散发，保湿性能好；

（3）本品可有效防止鲜切藕片色变、腐烂、萎蔫；

（4）本产品可适用于藕、马铃薯、莴笋等鲜切蔬菜的保鲜护色。

配方 22　胡萝卜保鲜剂

原料配比

原料	配比（质量份）		原料	配比（质量份）	
	1#	2#		1#	2#
茶叶	20～25	22	麦芽糖醇	6～14	10
蜂胶	20～25	23	木糖醇	3～5	4
陈皮	20～25	22	芝麻油	15～22	18
魔芋	18～20	19	米糠油	15～22	20
连翘	18～20	19	脑磷脂	2～4	3
丁基羟基茴香醚	3～5	4	聚赖氨酸	2～4	3
苯甲酸	5～8	6	肉桂酸	2～4	3
没食子酸丙酯	5～8	7	β-环糊精	2～4	3
维生素 E	6～9	7	双乙酸钠	1～3	2
香草酰胺	6～9	8	山梨酸	1～3	2
迷迭香	10～12	11	单辛酸甘油酯	3～8	6
鼠尾草	8～12	10	富马酸二甲酯	4～6	5
山梨糖醇	8～10	9			

制备方法　将各组分原料混合均匀即可。

产品应用　本品主要用作胡萝卜保鲜剂。

产品特性　本产品能够有效降低保鲜剂的附着率，残留较低，同时，毒性低，适合大规模工业化生产的需要。

配方 23　蒜薹保鲜剂

原料配比

原料	配比/（mg/L）		原料	配比/（mg/L）	
	1#	2#		1#	2#
抗坏血酸	200	400	纳他霉素	600	1000
柠檬酸	5g/L	8g/L	ε-聚赖氨酸	1200	1000
EDTA	100	100	水	加至1L	加至1L

制备方法　将抗坏血酸、柠檬酸、EDTA 分别加入水中溶解后，再加入纳

他霉素，避光条件下搅拌 30～90min，加入 ε-聚赖氨酸溶解配制成本产品的蒜薹保鲜剂。

产品应用　本品主要用作蒜薹保鲜剂。

使用方法：蒜薹充分预冷后，放入保鲜剂中浸泡或使用保鲜剂喷洒，取出晾干后装入聚乙烯袋扎口，放入－0.2～0.8℃冷库中贮藏。

产品特性　该种蒜薹保鲜剂能有效地对蒜薹的致病菌进行抑制，可达到良好的保鲜效果。能有效延长蒜薹的贮藏期，同时不会产生化学药物残留。

配方 24　蒜薹专用高效防霉保鲜剂

原料配比

原料	配比（质量份）			
	1#	2#	3#	4#
壳聚糖	5	3	4	3
尼泊金乙酯	0.05	—	0.08	0.04
尼泊金丙酯	0.05	0.1	—	0.05
纳他霉素	0.005	0.01	0.008	0.006
特克多	0.05	0.08	0.07	0.06
水	加至 100	加至 100	加至 100	加至 100

制备方法　将各组分溶于水混合均匀即可。

产品应用　本品主要是一种蒜薹保鲜用的高效防霉保鲜剂。

使用方法：将上述组分混合均匀，用此溶液浸蘸薹梢，及时入库上架预冷至 0～3℃，待薹梢晾干后装入蒜薹贮藏用聚氯乙烯硅窗保鲜袋扎口，于－0.8～－0.3℃温度贮藏。

产品特性　本产品成本低，应用方便，高效安全，用该保鲜剂处理的蒜薹，结合低温和气调包装等措施和技术，贮藏 6～8 个月，颜色鲜绿，组织柔嫩，新鲜如初，薹苞和薹条均无霉菌出现，商品率达 95％，保鲜效果好。

配方 25　莴苣抗褐变保鲜剂

原料配比

原料	配比（质量份）		原料	配比（质量份）	
	1#	2#		1#	2#
6-BA	0.02	0.015	乙醇	30（体积）	40（体积）
海藻酸钠	0.2	0.2	抗坏血酸	1	2
精油	20（体积）	15（体积）			

制备方法

（1）用乙醇将精油溶解，得到精油溶液；

（2）混合所述精油溶液、抗坏血酸、6-BA 和海藻酸钠，得到保鲜剂。

原料介绍

所述精油为薄荷精油。

产品应用　本品主要用于净菜/鲜切菜等莴苣的保鲜。

保鲜剂在莴苣抗褐变保鲜中的应用包括如下步骤：

（1）切除带泥和较老的主茎，切口保持平滑、完整；切除带泥和较老的主茎之前还包括：采收前 1～2 天停止灌水；采收后 2～4 小时内低温预冷。所述低温预冷为将莴苣真空预冷至 4～8℃。

（2）利用所述保鲜剂对莴苣进行涂膜或喷洒处理；所述保鲜剂的用量优选为 0.3～0.5mL/kg。

（3）将莴苣在低温晾干；低温晾干的温度为 5～10℃，时间为 5～10min。

（4）对晾干所得莴苣进行包装。所述包装可以用保鲜袋或保鲜膜进行密封包装。

产品特性

（1）本品绿色安全、无毒可食用，可有效防止莴苣的褐变，延长保存期限，可适用于净菜/鲜切菜等莴苣的保鲜。

（2）本品制备方法简单易行，安全高效。采用本保鲜剂对莴苣进行保鲜处理，所得莴苣的切口褐变指数较对照组下降 61.57%，莴苣水分含量保持在 90% 以上，维生素 C 含量下降率低于 10%，保鲜期由 3 天延长至 7 天。

（3）采用本保鲜剂对莴苣涂膜或喷洒处理，可以减少莴苣切口与空气中氧气的接触，降低褐变发生和汁液流失。本品对莴苣进行低温晾干可减弱莴苣的呼吸作用，保持切口的干爽，提高保鲜效果，延长保鲜时间。在本品的使用中，包装可以用保鲜袋或保鲜膜进行密封包装，使莴苣维持在较低氧气的微环境中，进一步降低褐变的发生和水分的流失。

配方 26　蔬菜专用保鲜剂

原料配比

原料	配比（质量份）			
	1#	2#	3#	4#
栀子花精油	8	3	7	3～15
香樟精油	3	3	4	4
蜡梅精油	8	5	8	12

原料	配比(质量份)			
	1#	2#	3#	4#
马齿苋精油	12	20	13	15
赤霉素	8	5	7	10
细胞分裂素	9	3	12	15
碳酸氢钠	9	5	8	12
维生素 B_2	4	3	5	6
碘酸钾	3	2	4	5
双氧水	3	1	3	5
β-环糊精	5	3	5	8
60%的乙醇溶液	250	200	260	300

制备方法

(1) 按照预设质量份数，取栀子花精油、香樟精油、蜡梅精油以及马齿苋精油，均匀混合后，得到精油混合液；

(2) 在 25~40℃的温度条件下，于得到的精油混合液中，依次加入质量分数为 60%的乙醇溶液、赤霉素、细胞分裂素、碳酸氢钠、维生素 B_2、碘酸钾以及双氧水，混合均匀后，加入预设质量份数的 β-环糊精，搅拌均匀，即可得到蔬菜保鲜纯露。

产品应用　本品是一种蔬菜保鲜剂。

产品特性　在本品中，栀子花精油、香樟精油、蜡梅精油以及马齿苋精油可抑制鲜切蔬菜切口表面微生物的滋生，也可杀灭滋生的微生物，从而延长鲜切蔬菜的腐败变质时间。上述植物提取物对人体无害，可随着清洗蔬菜而除去，健康无残留。保鲜剂可分解鲜切植物内的脱落酸，使得植物细胞进入休眠期，从而防止蔬菜器官细胞过早衰老。同时，该蔬菜保鲜纯露喷施至储存有鲜切蔬菜的袋子或者塑料盒中，可缓慢释放，持续抑菌、杀菌，大大延长了蔬菜的保存时间。

配方 27　蔬菜杀菌保鲜剂

原料配比

原料	配比(质量份)			
	1#	2#	3#	4#
连翘叶提取物	10	11	22	30
壳聚糖	5	6	7	15
黄芩提取物	5	7	8	15

续表

原料	配比(质量份)			
	1#	2#	3#	4#
茶多酚	0.1	0.2	0.2	0.5
没食子酸链球菌素-维霉素复合物	1	1.5	2	5
无菌水	100	120	110	150

制备方法 将连翘叶提取物、壳聚糖、黄芩提取物、无菌水混合均匀，得到凝胶料；将没食子酸链球菌素-维霉素复合物、茶多酚和无菌水混合均匀后，加入凝胶料，搅拌至充分混匀后，均质，得到蔬菜杀菌保鲜剂。所述均质条件为3000～6000r/min，均质5～10min。

原料介绍

所述没食子酸链球菌素-维霉素复合物由以下方法制备而成：将没食子酸链球菌素加入去离子水中，加入乙酸调节 pH 值，搅拌混合均匀后，加入维霉素，超声加热至30～45℃，边搅拌边发生自组装，得到乳没食子酸链球菌素-维霉素复合物。所述 pH 值调节至4.5～5.5之间。所述超声功率为1500～2000W。所述没食子酸链球菌素、纳他霉素和去离子水的质量比为1∶2∶10。

产品应用 本品是一种蔬菜杀菌保鲜剂。

产品特性 本品的制备方法简便，所制备的保鲜剂复合多种天然生物保鲜剂，能抑制多种细菌、微生物的生存，同时隔绝空气，使得细菌难以生存，从而实现杀菌抑菌效果，具有杀菌抑菌效果好、作用范围广、作用时间持久等特点。

配方 28 用于鲜切根茎类蔬菜的保鲜剂

原料配比

原料		配比(质量份)				
		1#	2#	3#	4#	5#
葡萄糖		40	30	20	50	40
维生素C		10	20	20	20	30
钙盐	柠檬酸钙、抗坏血酸钙或氯化钙	40	30	40	20	—
	腐植酸钙	—	—	—	—	10
酸度调节剂	柠檬酸、苹果酸	10	20	20	10	20

制备方法 将各组分原料混合均匀即可。

原料介绍

所述钙盐为柠檬酸钙、抗坏血酸钙、氯化钙或腐植酸钙。

所述酸度调节剂为柠檬酸、苹果酸。

所述腐植酸钙的制备步骤包括将低阶煤粉碎至 $150\sim400$ 目，加入 $3\sim8$ 倍煤粉质量的 5% 碳酸氢钠水溶液和石灰乳反应 $2\sim5$ 小时制备腐植酸钙；反应完成后，反应产物交替通过大孔树脂和强离子交换树脂进行纯化及脱除重金属元素；所述反应产物与大孔树脂和强离子交换树脂的质量比为 $1:(10\sim20):(15\sim25)$。

所述低阶煤为泥炭、褐煤或风化煤。

所述大孔树脂为非极性大孔树脂，所述强离子交换树脂为强酸性阳离子交换树脂。

产品应用 本品是一种用于鲜切根茎类蔬菜的保鲜剂。

用于鲜切根茎类蔬菜的保鲜方法，包括以下步骤：

（1）将保鲜剂按照比例加水稀释，使其浓度在 1%～2% 之间；

（2）清洗浸泡果蔬，所述清洗浸泡时间少于 5min；

（3）捞出沥水，直接装袋。

产品特性 本品做到了食品安全级别，主要用于净菜加工工艺，当作清洗剂使用，清洗后可以不用再用清水清洗，可直接用于中央厨房，智能餐厅等，经过清洗后的根茎类蔬菜能保持一段时间内不褐变，不影响食用及感官；另外，本品采用的保鲜剂制作方法工艺简单，操作简便，适于规模生产、批量应用。

参考文献

中国专利公告

CN 200810139729.1
CN 201010542958.5
CN 2008101528635
CN 201410071676.X
CN 200810150196.7
CN 200910068950.7
CN 201210416944.8
CN 201310441906.2
CN 201410126316.5
CN 201410338377.8
CN 201410741806.6
CN 200910017537.8
CN 2014103633330
CN 201310448207.0
CN 200810044759.4
CN 201110252096.7
CN 201010132290.7
CN 201410232949.4
CN 201010582297.9
CN 201310710861.4
CN 201110319138.4
CN 200810234524.1
CN 201410783386.8
CN 201310703416.5
CN 201010531761.1
CN 202210435185.3
CN 201910559026.2
CN 202011267481.4
CN 202011333312.6
CN 200810027923.0
CN 201010555553.5
CN 201410099613.5
CN 200910185458.8
CN 201010595558.0
CN 201010249299.6
CN 201310369689.0
CN 201310685917.5
CN 200910028801.8
CN 201310191869.4
CN 201010267608.2
CN 201310650086.8
CN 200910028806.0
CN 201010554564.1
CN 201010296200.8

CN 202210516479.9
CN 202110764353.9
CN 201310369342.6
CN 201310469053.3
CN 201110209305.X
CN 201310422204.X
CN 200910028802.2
CN 201310422205.4
CN 201310427045.2
CN 201410202216.6
CN 201310725742.6
CN 200810058881.7
CN 201310165989.7
CN 201010237255.1
CN 200810027606.9
CN 201310696887.8
CN 201710251456.9
CN 201711100265.9
CN 201710152033.1
CN 201711050437.6
CN 201811112078.7
CN 201810984964.2
CN 201810985028.3
CN 201711045917.3
CN 201711008489.7
CN 201711412304.9
CN 201810224630.5
CN 202110450734.X
CN 202210556916.X
CN 201210497027.7
CN 201310457034.9
CN 201310685622.8
CN 201310725802.4
CN 201410813230.X
CN 200910028807.5
CN 201310579332.5
CN 2011102800775
CN 201019179003.5
CN 201110371631.0
CN 201310143716.2
CN 200810114819.5
CN 200910028809.4
CN 201410574467.7
CN 201410190016.3

CN 201110379763.8
CN 201010595490.6
CN 201711099404.0
CN 201810082610.9
CN 201810082743.6
CN 201310710829.6
CN 201310422209.2
CN 201310397569.1
CN 201310354144.2
CN 201410297742.5
CN 201710999111.1
CN 201810176284.8
CN 201710484345.2
CN 201811167250.9
CN 201711214788.6
CN 202210641744.6
CN 201410574501.0
CN 201110262616.2
CN 201710999115.X
CN 201710964105.2
CN 201710484405.0
CN 201711290970.X
CN 201710410804.2
CN 201710159706.6
CN 201710259415.4
CN 201810280495.6
CN 201310703419.9
CN 200910036936.9
CN 201810164813.2
CN 201811135916.2
CN 201711156609.8
CN 201810828895.6
CN 201710694827.0
CN 201711356249.6
CN 201811476466.3
CN 201710556451.7
CN 202110758928.6
CN 201410477154.X
CN 200810058036.X
CN 201910122004.X
CN 201711084660.2
CN 201810155562.1
CN 201810639168.5
CN 201710122339.2

CN 201710660362. 7
CN 201711068002. 4
CN 201910481729. 8
CN 200910311370. 6
CN 200910031137. 2
CN 200910191304. X
CN 201310723432. 0
CN 201811460965. 3
CN 201810061422. 8
CN 201410625091. 8
CN 201010200440. 3
CN 201711335113. 7
CN 201310685446. 8
CN 201210220846. 7
CN 201310685685. 3
CN 200810058879. X
CN 201710122325. 0
CN 201810902215. 0
CN 201810424727. 0
CN 201811460963. 4
CN 201710373716. X
CN 201711267843. 8
CN 202210405747. X
CN 201310457048. 0
CN 200910219669. 9
CN 201010595539. 8
CN 201710098557. 7
CN 201710122353. 2
CN 201711156610. 0
CN 201810144247. 9
CN 201710072760. 7

CN 201711100262. 5
CN 201710130160. 1
CN 202210597433. 4
CN 201310464787. 2
CN 201310696909. 0
CN 201310538126. X
CN 2010101031649
CN 201310202019. X
CN 200810079683. 9
CN 201410532332. 4
CN 201110233510. X
CN 200810072458. 2
CN 201510027812. X
CN 201410573939. 7
CN 200910028805. 6
CN 201310510733. 5
CN 201410574660. 0
CN 201310615971. 2
CN 201410679019. 3
CN 201310703401. 9
CN 201310166233. 4
CN 201410220733. 6
CN 201710583226. 2
CN 202210176106. 1
CN 202011607887. 2
CN 202011238095. 2
CN 202011326190. 8
CN 202111038991. 9
CN 201911268149. 7
CN 202110752494. 9
CN 201510102284. X

CN 201510102283. 5
CN 201210077574. X
CN 201310721684. X
CN 201310457035. 3
CN 201310593982. 5
CN 201410574503. X
CN 201210503388. 8
CN 201410574503. X
CN 200810236496. 7
CN 200910095191. 3
CN 2014103478227
CN 200910095190. 9
CN 200910036393. 0
CN 200810228252. 4
CN 201110103846. 4
CN 201310703455. 5
CN 201310566080. 2
CN 200910119975. 5
CN 201310165939. 9
CN 201210410377. 5
CN 202011492471. 0
CN 201911276329. X
CN 201310704121. X
CN 201410678867. 2
CN 201010258219. 3
CN 201010503650. X
CN 202110284120. 9
CN 202010424131. 8
CN 202011605798. 4
CN 202010963467. 1
CN 202010988272. 2